系统整合

徐 珂　许冬云　陈 倩　◆主编

中国·武汉

图书在版编目(CIP)数据

系统整合/徐珂,许冬云,陈倩主编. — 武汉：华中科技大学出版社，2024.10. — ISBN 978-7-5772-1312-5

Ⅰ.B84-49

中国国家版本馆 CIP 数据核字第 20244HJ667 号

系统整合				
Xitong Zhenghe	徐 珂	许冬云	陈 倩	主编

策划编辑：沈　柳
责任编辑：沈　柳
封面设计：琥珀视觉
责任校对：刘小雨
责任监印：朱　玢
出版发行：华中科技大学出版社(中国•武汉)　　电话：(027)81321913
　　　　　武汉市东湖新技术开发区华工科技园　　邮编：430223
录　　排：武汉蓝色匠心图文设计有限公司
印　　刷：湖北新华印务有限公司
开　　本：880mm×1230mm　1/32
印　　张：6.875
字　　数：155 千字
版　　次：2024 年 10 月第 1 版第 1 次印刷
定　　价：50.00 元

本书若有印装质量问题，请向出版社营销中心调换
全国免费服务热线：400-6679-118　　竭诚为您服务
版权所有　侵权必究

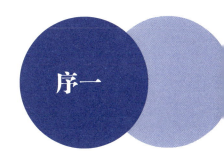

序一

生命的导航仪：系统整合

在社会的庞大系统中，每个人都扮演着独特的角色。从家庭到社区，从组织到个人，都在各自的系统里成长、发展和变化。人们常常面临各种困扰和挑战，如人际关系、职业发展、健康问题等，系统整合作为一种新兴的应用学问，它通过个案的方式呈现我们当下的状态，帮助人们更快速地找到处理问题的方法。例如在家庭系统整合中，它能够帮助家庭成员发现和摆脱潜在的冲突和困境。当每个家庭成员都恰如其分地扮演自己的角色时，爱就会在家庭中流动，为所有想与爱侣、父母、子女保持和谐关系的人提供一些可靠的指引。同时，家庭系统整合也可以为已经破裂的关系提供修复方法，通过角色扮演（做代表）及互动探讨人们面临的心灵困境。

系统整合强调系统中每个生命的整体性和相互关联性，就如同蝴蝶效应一样，我们每个人的选择、决定和行为，不仅仅会对其他人有影响，还会影响我们自己的未来。每个人都是系统的一部分，每个人的行为和决策都会对整个系统产生影响。因此，我们需要从整体的角度来看待问题，而不是孤立地看待自己或他人。系统整合的思维方式可以帮助我们更好地理解自己和他人的行为，从而更好地与他人沟通和合作。

系统整合强调问题的根源和解决的方向是整体、次序、平衡、事实、情绪、选择。它通过角色代表和互动呈现，探索问题的根源，并指出解决问题的方向。这意味着我们需要深入了解系统中问题的本质，找到问题的根源，并采取积极的行动来解决问题。这种思维方式可以让我们避免陷入无休止的困境，找到解决问题的最佳途径。

整体

在系统整合中，整体的力量在于每一个个体都被看见、被接受。每个人都在系统中扮演着重要的角色。无论是富有的、贫穷的，受过教育的、未受过教育的，也不论性别、种族、年龄或任何其他身份标签，每个人都应当被平等对待，被视为独特且无可替代的存在。

整体是由一个个的人构成的，每一个个体都有其独特的价值和意义。我们的存在不仅仅是数量的累积，更是质量的体现。每一个人的思想和情感，每一个人的行动和决策，都在塑造整体。整体不仅仅是所有人在一起，更是所有人在彼此的关系中共同创造的。整体并不意味着所有的人都必须相似或相同，相反，整体是多元化的，是由差异和多样性构成的。正是这些差异和多样性赋予了整体独特的魅力、力量和更多可能性。我们应该珍视这些差异，欣赏这些可能性，因为它们是整体的一部分，是我们能够不断成长和发展的源泉。

整体是系统中所有的人都必须被看见和接受，不仅仅是他们的外在表现，更是他们的内在情感和价值。我们不能忽视或轻视任何一个个体的感受和需求，因为每个人的感受和需求都是重要的，都值得被尊重和理解。我们需要倾听他们的声音，关注他们的情感，尊重他们的选择，这样才能真正实现所有的人都必须被看见和接受的目标。

次序

系统整合中的次序是一个复杂而重要的主题，涉及个体、时间和系统等多个层面。从时间线的角度来看，先出现的个体通常拥有更高的地位和更大的影响力，例如父母相比孩子，地位更高，影响力更大，因此我们应该尊重并维护这种次序。然而，从系统层面来看，后出现的系统需要获取更多的资源以保持其发展，这就意味着后出现的系统需要尊重先出现的系统。例如，新部门要尊重已存在的部门，而已存在的部门要给予新部门更多支持和资源。

在时间线的排列中，我们不能忽视一个基本的规律：新事物的诞生和旧事物的消亡都需要尊重既有的次序。历史长河中的人、事、物都在按顺序前行，无论出现早晚，都有各自在历史进程中的地位和角色。当我们看待事物的时候，不仅需要理解当前的排序和等级，更需要关注时间的流动性。

但是，这样的时间线并不能抹杀不同系统间的区别。当新系统出现时，为了自身的生存和发展，必须获取更多的资源和机会。

因此，我们需要明确的一点是：在资源分配的问题上，新的系统必须对旧的、已存在的系统保持足够的尊重。只有尊重既有的规则和次序，新系统才能找到属于自己的立足之地，从而避免与旧的系统的竞争所带来的损失。

对于那些在系统中占据重要地位的角色，我们需要关注其影响力以及如何在变迁中维护这些影响力。这是因为一旦影响力受到影响，系统的平衡就会被打破，带来难以预料的后果。在这个过程中，理解并尊重规则、遵守次序显得尤为重要。

无论是时间线还是系统之间的差异，都指向了一个共同的真理：**尊重是次序的核心**。不论是时间线上的先后顺序，还是系统之间的资源分配，都需要我们以尊重的态度去面对和处理。只有在尊重的基础上，我们才能实现和谐共处，共同推动整个系统的进步和发展。

系统整合中的次序是一个复杂而微妙的主题，它涉及个体、时间和系统等多个层面。我们需要在尊重既有次序和规则的基础上，寻求新的发展和变化。在未来的发展中，我们应该保持开放的心态，在接纳新事物的同时，尊重旧事物，以获得更加均衡和稳定的发展。

平衡

系统整合中的平衡主要是指收取和付出的平衡。

在我们的生活和各种关系中，系统整合的平衡是非常重要的，其中，一个重要的平衡点就是收取和付出的平衡。如果只是单方面付出，或者只是单方面收取，都将会打破这个平衡，从而影响关系的持久。

一味付出，意味着你一直在给予，而没有得到相应的回报。这种单方面的付出，不仅会让你感到疲惫，而且会让你在关系中失去自我，甚至可能影响你的自我价值感。一味付出，将会使你变得不再重要，因为你只是为了满足他人的需求而存在。这样的关系，将会逐渐变得疏远，甚至破裂。

另一方面，一味收取则意味着我们只关注自己的需求，而忽视了别人的感受和付出。这样的行为，不仅会让他人感到不满，而且也会让我们无法成长。因为我们的关注点只在自己的需求上，而没有考虑别人的感受和付出。在这样的关系中，我们永远无法真正变得成熟，也无法学会尊重和理解他人。

我们要在系统整合中保持收取和付出的平衡。这意味着我们在给予的同时，也要接受他人的给予。这样，我们才能在关系中保持自我，并且不断提升自我价值感。我们也要学会尊重和理解他人，因为在我们的成长过程中，我们也是需要他人支持的。当我们能够这样做的时候，我们就会发现关系变得更加健康、持久了。

系统整合中的平衡不仅仅对于人际关系很重要，它同样适用于各种系统，比如组织、团队、企业等等。保持系统的平衡，就需要我们能够正确处理收取和付出的问题，只有这样，我们才能在这个系统中获得成长和发展。

事实

过去发生的事件是无法改变的，但是，事件所带来的感受是可以改变的。

在我们的大脑中，每一个事件都会留下印迹。这些印迹可能是恐惧、忧虑或者悲伤等负面情绪，也可能包含了对未来更好的期许。不论哪种印迹，都是我们可以自主塑造的。我们应接受已经发生的事实，因为事实是我们无法改变的。

我们可以选择去改变我们的大脑对事实的解读，并去创造对自己的未来更有意义的身心感受。我们需要用积极的态度和方法去改变自己对负面事件的认知和解读。在这个过程中，我们要善于利用事实，不论是正面的还是负面的事实，作为工具，来提升自我认知和情感调控能力。比起否定和改变已经发生的事实，接受它并积极改变大脑对它的感受更有意义。因为这不仅可以让我们更好地应对未来可能出现的类似事件，还可以让我们更加清晰地认识自己，了解自己的情绪和需求，从而更好地规划自己的未来。

面对过去发生的事件，我们只能接受它们，去创造对自己的未来更有意义的身心感受。只有这样，我们才能真正地从过去的经历中获得成长和提升。这就是系统整合中的事实，也是我们每个人都需要理解和掌握的生活智慧。

情绪

在现实生活中，我们的情绪状态往往不是单一情绪在起作用，而是几种情绪交织在一起，形成一种复杂的状态。同时，情绪也在不断地变化，受到各种因素的影响，包括但不限于个体的心理状态、环境、社会舆论。在系统整合中，情绪被划分为三种主要类型：原生情绪、派生情绪和系统情绪。

原生情绪是我们面对特定情境时直接产生的情感反应，这些情绪通常基于我们的感知和经验，与情境的直接关联较大。例如，当我们看到一只狗冲我们"汪汪"大叫时，我们可能会感到恐惧。这些情绪是与我们的生活经验和感知直接相关的，它们为我们提供了基本的情感参考点。

派生情绪则是在经历某种情境后，通过思考和理解所产生的情感反应。相较原生情绪，派生情绪是在大脑思考后，基于原生情绪而产生的更深层次的情感反应。例如，孩子在考试失败时，可能会感到沮丧和失落，这是原生情绪。如果孩子想到父母知道后会生气骂自己，为了不让父母骂自己，孩子会因恐惧而撒谎；或者孩子开始反思失败的原因并从中吸取教训，可能会感到懊悔。这些派生情绪是在思考和反思的过程中产生的，为我们提供了应对挑战和困难的新视角。

系统情绪则是指在更大的系统中存在的情绪，它不仅仅与个体或特定情境有关，还反映了整个系统的状态和趋势。例如，在经济系统中，乐观情绪可以促进消费，提高经济活力；而恐慌情绪可能导致金融市场的动荡。这些情绪反映了整个系统中的某种趋势，为我们提供了观察和理解社会经济环境的新角度。

理解这三种情绪类型及其相互关系，有利于我们在面对复杂的环境时，能够更加清晰地认识和理解自己的情绪状态。这将有助于我们更好地应对各种挑战和机遇，因为理解情绪可以帮助我们更好地调整自己的心态，提高自我认知和情感管理能力。此外，对于一些需要处理复杂情绪的工作或任务，如心理咨询、情感辅导等，对情绪类型的理解将有助于我们更准确地理解和应对个体的情感需求。

选择

系统整合中的选择，是指面向未来，作出与过去不同的行为选择和思维选择。选择，它是我们大脑特有的功能，通过建立新的思维网络，形成新的心智模式，最终改变行为模式，进而获得与过去不同的结果。

大脑中存储的信息以及已经形成的知识体系构成了我们原有的心智模式。当我们面对新的挑战或问题时，需要在这种模式的基础上进行思考，尝试寻找解决方案。然而，如果我们过于依赖过去无效的心智模式，就有可能无法打破思维定式，无法获得新的认知和行为结果。

为了克服这种局限，我们可以通过系统整合看到更多可能性。选择不仅仅是行动上的改变，更是思维方式的更新。我们要有勇气打破原有的思维框架，接纳新的观念和思维方式，以此来拓展自己的思维空间。作出选择后，我们需要将其落实到行动上。只有将思维转化为行动，才能真正实现改变。经过我们的选择和努力，我们将会看到与过去不同的结果。这种变化不仅体现在我们的行为上，更体现在我们的思维和认知上。我们将会更加自信、更加灵活地应对各种挑战和问题，实现自我成长和进步。

在系统整合中，系统的力量在于所有人的参与、专注和互动。 系统整合强调我们需要尊重每个人的独特性，建立良好的人际关系，促进合作和沟通，从而建立一个更加和谐、有效的工作环境。这种思维方式可以帮助我们更好地处理人际关系，提高工作效率，实现个人和组织的共同发展。

系统整合是一种科学的方法，它通过现象学、系统论、心理动力学、应用心理学等学科的知识，为人们服务。它可以帮助我们更好地理解和应对生命中的困扰和挑战，实现个人和组织的共同发展。我相信，随着越来越多的人了解和应用系统整合，我们的社会将会变得更加和谐、美好。

徐珂
2024 年 6 月 23 日

序二

致系统整合"爱的流动"伙伴们的一封信

尊敬的海峰老师、徐珂老师,亲爱的伙伴们:

大家好!此刻,我的内心平静祥和,我想象着当你们翻开本书,看到我的文字,并一直看下去时,一份暖意与喜悦在我身上流淌!这是一种怎样的缘分,文字让我们的心灵联结起来。

写什么与你们分享呢?系统整合又是什么呢?它到底如何影响我们的人生?德国心理治疗师海灵格提出了系统整合的三大法则、六字箴言——**整体、平衡、次序**,让我们一起来学习感受吧!

一、《赵氏孤儿》系统整合洞见

我的好友赠送给我一张票，邀我前往闽南大戏院欣赏原创舞剧《赵氏孤儿》。《赵氏孤儿》的舞美、音乐设计极具冲击力。光影变幻，投衬在城墙上，蔓延于大地之上，映衬人物的心绪；纵横格局的黑白棋盘，像是暗指晋国大将军屠岸贾权倾朝野、遮天盖地之势。剧中，一首让人热血沸腾的《绝不可以》让程婴找到了自己的人生价值，也让场中的我热泪盈眶。

这部舞剧讲的是春秋时晋国上卿赵盾遭到大将军屠岸贾的诬陷，全家三百余口被杀。赵盾的夫人决定生下孩子并由程婴想办法送出城外。为斩草除根，屠岸贾下令在全国范围内搜捕赵氏孤儿赵武。此时，程婴牺牲了自己的孩子，留住了赵氏孤儿。阴差阳错，大将军屠岸贾竟收养了他亲手灭族的赵盾遗子——赵氏孤儿，并为其更名改姓叫屠成。当赵氏孤儿屠成长大并知道了自己的身世后，最终亲自把养父屠岸贾杀死，为亲生父母报仇。这个故事与系统排列有关吗？是的，这个故事里有良知的冲突。屠岸贾大开杀戒，原生家族的信念价值观、教养方式早就为这个家族的悲剧种下苦果，当然这里面也夹杂很多物竞天择、适者生存的自然规则。在这个故事中，处处体现了海灵格的论述："当家族成员中有人对其他人的死亡负有责任时，受害者会成为这个家族的一员；如果在家族中有成员被外人杀害了，那么凶手也会从属于这个家族；如果家族成员中有人因损害他人而获益，那么受害者也从属于这个家族。"

我要重点提到的是家庭系统亲子关系中的难题之一——关于收养的话题。屠岸贾收养义子的初心是为了自己的利益,制衡他人,同时给义子更名改姓。最终,屠岸贾被自己的养子亲手杀死!那些被蒙蔽的人,一旦被唤醒,就能顺着生命的方向走下去。

收养的结局是否美好,要看养父母的初心是什么。在赵氏孤儿的故事中,我们看到收养者的初心是为了自己,而不是为了孩子自身的利益。现在,有人因为膝下无子,想靠收养孩子来继承财产和为自己养老,甚至有的想把孩子据为己有,想办法隐瞒其身世。在这样的模式下,养父母和孩子的关系出现各种问题,有的孩子不接受养父母,甚至有不少孩子败掉家产、出现严重的情绪问题,还有的孩子怀疑自己不是亲生的,疯狂地寻找自己的亲生父母。这样的初心会导致收养不成功!

一个孩子,他的生父生母因为一些原因没法养活他,刚好有另一个家庭领养了这个孩子,使得他活了下来。养父母在适当的时机,即孩子的身心发育较为成熟时,可以告诉孩子真实情况,允许他去找亲生父母,认祖归宗。那么,这个孩子就得到了亲生父母和养父母的祝福。养父母永远不能替代亲生父母,要尊重给予孩子生命的人,尊重事实。

正视历史,面对真相,不加评判地尊重及纪念(祭奠)所有人,找到生命和自然的规律,真正尊重每一个生命(关注整体、次序),然后做些顺应规律(道法)、服务生命的事情。这是系统排列总结出来的解决之道，这亦是生命的底色。你当像鸟飞向你的山，我们希望每一个孩子能够顺利长大，都像鸟飞向他自己的高山。

二、《扁鹊见蔡桓公》系统整合之重要性

追求快乐、逃避痛苦是人类的两大天性，也是生命的本能。 人类的各种学问都在关注一个问题：人如何能活得快乐点？在职场中的我们，如何能够更好地处理上下级的关系，让自己的事业上升，活得充实快乐，这是我们奋斗的目标。接下来，请跟着扁鹊与蔡桓公的故事来觉察不同系统中的次序与平衡。

讳疾忌医的故事我们都有印象。春秋战国时期的扁鹊医术高明，经常出入宫廷为君王治病。有一天，扁鹊去见蔡桓公。礼毕，他侍立于桓公身旁，细心观察其面容，然后说道："我发现君王的皮肤有病，您应及时治疗，以防病情加重。"桓公不以为然地说："我一点病也没有，用不着治疗。"扁鹊走后，桓公不高兴地说："医生总爱在没有病的人身上逞能，以便把别人健康的身体说成是自己医治出来的。我不信这一套。"扁鹊后来劝说几次均无效，结果蔡桓公病情加重，扁鹊逃到秦国，蔡桓公最后病死了。这是医生和病人的双重悲剧，也是职场上的悲剧。在徐珂老师的伙伴李珂老师的著作《突破式沟通》中也提到了蔡桓公和扁鹊，她认为以上对话的情境好比职场上一位董事长和高管们正在一起工作，董事长的保健医生一推门进来就盯着董事长看，看

了一会，就特别严肃认真地说："董事长，你有病！你应该去治疗！"如果你是这位董事长，正计划大展宏图，听到这句话会是什么心情？估计心里想的是：你才有病，滚！但为了维护自己尊重人才的名声，还不好当面发作，只能随意说几句糊弄过去。这是一个人正常的心理反应。在这个场景中，扁鹊以医生的身份告知病人病情，虽然有道理，但沟通没有效果。古代君臣非常注重上下等级关系，扁鹊与蔡桓公的沟通效果不好，最重要的是没有掌握君臣系统或者职场系统的整体次序平衡，以致出现了冲突。身份不恰当、身份错位、身份混乱，小则会影响沟通效果，大则可能影响职场生涯，在古代甚至会影响身家性命。蔡桓公的身份是齐国的国君，权威的代表，被下属指出身体有病，心里不舒服，甚至心中有火，只是没有发泄出来。封建体制中的君王小时候受到压制，害怕权威。当自己成为权威者的时候，小时候内心隐藏的愤怒情绪让他难以接受他人的不尊重，一旦唤醒小时候恼羞成怒的记忆，可能愤怒的情绪会加倍。扁鹊的身份是臣，理应使用臣子的礼仪话语。扁鹊如果有着臣子的谦卑并掌握与权威者沟通的技巧，那么就不会有悲剧的发生，而是会升职加薪！

讲到职场中的身份定位，根据我多年来的经验以及观察，我发现职场上常有人喊出"我们是相亲相爱的一家人"的口号。管理者强调团队成员要像一家人一样，觉得自己就是大家长，这样的信念在职场中当然是不被接受的。职场有制度，多劳多得，谁创造的价值或者贡献大，就应该得到更多回报，贡献少的回报少，甚至被"炒"。如果管理者一方面表现得像家长，一方面又按照企业制度对不合格的员工进行处罚，员工就会有很多委屈与抱怨，这就是职场中典型的身份错位所导致的团队管理障碍。

  关于系统整合，我想与你们聊的太多了。深深感谢引领我接触此学问，让我与家人以及身边朋友受益匪浅的徐珂老师，谢谢海峰老师带领大家让这门学问得到更好的推广，也谢谢努力向阳的自己。

  此致

敬礼!

许冬云

2024 年 6 月 28 日

第一章 寻找力量

系统排列:深入理解与综合应用 　黎燕芳 / 2
瞬间看见,一生疗愈 　陈倩 / 12
系统排列,我的智慧启蒙 　大娟 / 19
透过拖延状态,看见系统的力量 　露娜 / 29
我与家庭系统排列的故事 　高瑞浓 / 38
发现家庭的力量 　黄琳睿 / 46

第二章 拥有幸福

爱与幸福同时拥有 　纪色斐 / 56
让每个人都生活在爱的海洋里 　金姿言 / 64
用好家庭系统排列知识,让生活更美好 　李冬华 / 71
人生值得,今生无悔 　李玉 / 81
代际遗传之殇 　立云 / 87

第三章　发生蜕变

你有资格活得精彩　孟海燕 / 96
用两个个案，帮你找到答案　莫立霞 / 103
因为自洽，所以从容　王爱华 / 111
系统排列让我感受并传承爱　王佳 / 119

第四章　爱的序位

生命真相，连根养根　王秋润 / 128
生命树　魏金宇 / 136
回归爱的序位，活得轻松富足　阳光小月 / 143
敬畏财富——系统排列在家庭财富中的作用　杨玲 / 152
家庭系统排列之我见　俞立军 / 160

第五章　生命飞跃

家庭系统排列在提升孩子学习动力中的应用　张婵 / 168
奶奶，我用痛苦来寄托对你的爱　张芳 / 178
改变，如其所是　张可凡 / 186
系统排列与整合，助力职业生涯飞跃　赵书檀 / 193

第一章
寻找力量

系统整合

系统排列：深入理解与综合应用

■ 黎燕芳

家庭系统排列师

NLP 执行师

婚姻导师

女性能量导师

导言

伯特·海灵格（Bert Hellinger）提出的系统排列理论是一种在心理治疗领域中广泛应用的独特方法，旨在通过模拟家庭和组织系统，揭示其中的潜在问题、关系和解决方案。本文将深入探讨系统排列的理论基础、方法以及实际应用，并结合其他相关心理学知识，为读者提供全面的认识。

理论基础

系统排列理论的核心概念涉及家庭和组织系统中的平衡、秩序和排斥力。这一理论认为，在一个系统中，家庭成员之间要形成一种平衡和秩序，以维持系统的稳定性。排斥力则是指当系统中的某些成员或事件被排除、被忽视时，系统会出现不平衡和其他问题。这种理论强调了家庭系统中成员之间的相互依赖和动态平衡。

方法描述

系统排列主要依赖代表成员,代表成员即被选中的成员,模拟家庭或组织系统。导师引导案主将代表成员安排在合适的位置,通过观察他们的相对位置、互动情况,来揭示系统中的潜在问题。**这种方法强调非语言体验,通过对话和调整代表成员的位置来解决问题或调整系统动态。**

应用案例一

在小玲的案例中,我们深入分析了她在家庭和工作中所面临的问题,并运用系统排列方法揭示了潜在的家庭动态,从而帮助她找到解决方案。

小玲在工作和家庭中都承受了巨大的压力。通过系统排列,小玲选择了代表自己、父母和兄弟姐妹的成员。观察代表成员的动态,导师敏锐地察觉到父母与小玲之间存在距离感。这种距离感对小玲的个人生活和职业生涯都产生了负面影响。通过调整代表成员的位置,导师在虚拟空间中营造出更紧密的联系,使小玲能够体验到与家庭成员更为亲近的情感。

通过系统排列的互动过程,小玲不仅仅产生了认知,还通过感知和情感上的体验,更加真切地感受到家庭成员之间的紧密关系。这不仅帮助她缓解了家庭关系中的紧张情绪,还使她在工作中更加放松和自信。这个案例反映了系统排列方法的实际效果不仅仅是在心理层面上产生理解,更是通过感知、体验和实际调整来帮助个体构建更为健康的家庭。小玲在个案结束后,反馈了更加积极的家庭体验,这反映了系统排列方法在改善家庭关系方面的潜力。

应用案例二

在张先生的案例中,我们关注了他在家庭关系和个人认同方面所面临的困扰,并通过系统排列方法进行详细的分析和干预。

张先生是一位成功的职场人士,但最近感到在家庭和个人层面存在一些混乱和挫折。他选择了代表自己、妻子、父母和子女的成员,以模拟家庭系统的动态。

在观察代表成员的互动中,导师敏感地察觉到张先生的妻子与张先生的父母之间存在一些潜在问题。通过系统排列的动态调整,导师帮助张先生体验到与家庭成员之间更为紧密的联系。这种调整不仅仅是在虚拟空间中的位置变化,更是在张先生的内在情感体验和认知上的调整。

在实际应用中,系统排列方法为张先生提供了一个重新理解和调整家庭动态的平台。导师通过引导他加入这个虚拟的家庭场景中,促使他更全面地认识到家庭成员之间的相互依赖和情感交流。这为张先生在现实生活中建立更加健康的家庭关系提供了新的视角和工具。

这个案例凸显了系统排列方法在个体家庭关系调整中的潜力,不仅仅是在静态的家庭图景中进行观察,更是通过动态的调整和体验,使个体能够在做个案的过程中体验到真实而深刻的家庭动态变化。张先生在个案结束后,反馈了更加积极的家庭体验,这展示了系统排列方法在促进个体家庭关系健康发展中的有效性。

系统排列与其他心理学知识的融合

家庭系统理论:系统排列与家庭系统理论密切相关,都强调家庭成员之间的相互依赖和系统中的模式。

集体无意识概念:系统排列与荣格的集体无意识概念有关,系统排列中的代表成员反映了个体和集体层面的无意识动态。

情感焦点疗法:系统排列注重情感体验,与情感焦点疗法的理念相契合,强调情感体验对于心理健康的重要性。

解决方案导向短时治疗:系统排列与解决方案导向短时治疗的理念一致,系统排列试图在较短的时间内帮助个体找到解决问题的途径。

认知行为疗法：尽管系统排列强调情感体验，但它也可以与认知行为疗法相结合，关注个体的思维模式。

结合其他心理学知识的机会与挑战

系统排列作为一种心理治疗方法，其独特性在于能够结合多种心理学理论，为个体提供更全面的支持。然而，这种综合运用也面临一些机会和挑战，需要认真考虑。

机会

综合性视角：系统排列通过综合家庭系统理论、集体无意识概念、情感焦点疗法等多个心理学理论，为心理治疗提供更全面的视角。这使得导师能够更好地找出个体问题的根源，从而制订更有效的治疗计划。

非语言体验：系统排列强调非语言体验，通过模拟家庭系统动态，使个体能够更直观地感受和表达情感。这有助于深入挖掘个体内在的情感体验，进而促进心理治疗的深层变革。

实践性方法：系统排列是一种实践性的方法，注重在实际场景中模拟家庭和组织系统。这种实践有助于参与者更具体、更直接地体验问题和找到解决方案，使心理治疗变得更加实质化。

解决方向：系统排列注重问题的解决和调整，与解决方案导向短时治疗的理念相契合。它致力于在相对较短的时间内帮助个体找到解决问题的途径，符合当今社会对于高效治疗的需求。

挑战

争议和科学性：尽管系统排列在一些情境下取得了显著的成效，但一些学者和专业人士对其理论基础提出质疑，认为其实证支持尚需进一步加强。

个体差异：不同个体对于系统排列的反应和接受程度存在差异。有些人可能因为对非传统治疗方法的不适应而产生抵触情绪，这可能影响治疗的效果。

复杂性和专业性：系统排列的应用涉及多个领域的知识，导师需要掌握系统的心理学理论和具备丰富的实践经验。这增加了其在实际应用中的复杂性，对于一些新手导师而言，可能会构成挑战。

适用范围的限制：系统排列可能并不适用于解决所有的心理健康问题，尤其是一些需要采用严密结构和标准化治疗方法的病症。因此，在选择治疗方法时，需要根据具体情况进行综合考虑。

在综合运用系统排列与其他心理学知识时，我们需要在了解系统排列优势的基础上认识并应对挑战。深入研究和实践将有助于更全面、客观地评估其在心理治疗领域的适用性，为个体提供更有效的帮助。

未来的发展和总结

系统排列作为一种独特的心理治疗手段，近年来逐渐受到关注并在实践中取得了一些显著的成果。在当前心理学领域的发展趋势下，系统排列呈现出大好的前景。系统排列的理论基础主要源于家庭系统理论、集体无意识概念和荣格的思想。通过深入研究和理论拓展，系统排列可以更好地融合其他心理学派别的观点，构建更为完善的理论体系。这将使其更具普适性，能够更好地适应多样化的心理健康需求。随着对系统排列方法实践效果的认可，未来其应用领域有望进一步拓展。除了目前主要关注的家庭治疗，系统排列还可以应用于组织咨询、团队建设、情感焦点疗法等多个领域，系统排列实践应用的拓展将有助于更全面地解决不同层面的心理健康问题。目前，关于系统排列的科学研究仍处于相对初级的阶段，未来，随着对其机制、效果和适用范围的深入研究，系统排列有望得到更为科学的验证和支持。更多的实证研究将为提高其在心理治疗领域的地位提供坚实的基础，增强其在学术界和临床实践中的认可度。由于系统排列方法的独特性，一些领域的人对其尚存在认知上的盲区，**未来，通过临床实践经验的积累和成功案例的宣传，社会对系统排列的认知度和接受度有望逐步提升。这将为其在更广泛范围内的推广和应用提供有利条件**。为了更好地推动系统排列方法在心理治疗中的应用，需要加强专业培训体系的建设，制定更为标准化的培训和实践指南，确保系统排列方法的实施得到专业、规范的支持。这将有助于提升导师的水平，保障案主的安全和效果。

综合来看，系统排列方法在心理治疗中展现出广泛的前景。通过深入研究理论、拓展实践应用、融合多元化的治疗方法、科学研究的推进以及社会认知与接受度的提升，系统排列方法有望在未来为心理治疗领域带来更为深刻和全面的影响。尽管仍须面对一些挑战，但随着实践的深入和研究的不断推进，相信系统排列方法将在心理治疗领域中不断创造奇迹，为心理健康领域注入新的活力。

尽管仍须面对一些挑战，但随着实践的深入和研究的不断推进，相信系统排列方法将在心理治疗领域中不断创造奇迹，为心理健康领域注入新的活力。

系统整合

瞬间看见，一生疗愈

■ 陈倩

20年企业管理职场人

"80后"三娃妈妈

国家高级经济师

系统整合践行者

人智学学习践行者

儿童观察与生命健康家庭护理实践者

系统整合排列是一面镜子，可以让你看见现象背后的成因，这可能是你未曾意识到的点。它是疗愈内心的一种方法，是一门人生必修课。

时光回到2021年，有个场景让我一生难忘。那是我与徐珂老师的第一次见面，发生在她的线下系统排列课堂上。能走进那个课堂，是由于我很信任的一个朋友。有一次，我与他谈话，倾诉生活的困境，他给我介绍了徐珂老师的助理邱老师，让我参加线下的系统排列课。在那之前，我根本不知道这个课是讲什么的，但基于对朋友的信任，我果断联系邱老师，咨询这个课程。刚好那个周末就有一期，于是我报名参加了。

那次课是在广州番禺的一家酒店会议室上的。我记得那天兴致勃勃地准时来到会议室，进入房间，映入眼帘的是围成U形的座位，墙壁上悬挂着"爱的流动——徐珂系统排列工作坊"的横幅。当时参加的人员有二十多个，女士居多。第一次见徐珂老师，从她的言语、衣着打扮来看，她属于优雅、干练、精致的女性。老师在开场做完自我介绍后，问："没做过'身份代表'的，请举手。"我有点懵，什么叫"身份代表"？我怯怯地举了手，结果发现有一半的人都举了手，心里就没那么紧张了。课程是以案主的困惑为出发点的，导师在与其对话过程中去找到导致困惑的核心原因。导师和案主两人坐在U形口的两个开口位置，被所有围观者观察。导师通过对案主进行简单的访谈，比如问案主带着什么困惑、问题来到现场，从问题出发探究背后的形成原因。通常在访谈后，导师心里基本就有了引导方向，找到可能的几个原因，这时候导师会请案主在围观者内找到一些"身份代表"，比如案主自己、案主配偶。选代表的过程是案主在当时那个场景下，用眼神与围观者进行交流，他会感知哪个人最适合当代表。选好后，案主走到被选择的人面前，邀请他做某"身份代表"。这个时候，被邀请做代表的人是可以表示同意或者拒绝的。这个环节其实很有学问，通常被选中当代表的人在自己的生活中往往有与案主类似的困惑，比如与父母的关系不是那么好，比如亲密关系存在卡点等。接下来，"身份代表"进入U形场地内，他需要做的是深呼吸，与自己的角色做个联结。如果有肢体的感受或者言语想表达出来，可以问导师，导师允许就可以说出来。这个被选择做"身份代表"的人与案主是不认识的，但可以在这样的场域，通过深呼吸给自己的潜意识一个引导，瞬间身体上就会有感受，比如心跳加快、咽喉不适、腿部沉重、恶心、头晕等，看似非常不可思议，但就是这样在现场发生了。

  导师是无法完全掌控被选为"身份代表"的人的言行的，这个和演员的表演完全不同，因为这不是事先排练好或者设置好的场景,但是导师需要控场,比如"身份代表"太过于投入其"身份",感受太多的话,可能会让自己很难受,比如会号啕大哭,这个时候,导师会及时让代表抽离出来,以免伤到自己的身心。导师会引导案主去看见"这样"的场景,这个看见是心灵层面的。如果只用眼睛看,潜意识可能不接纳或者不想看,那就会回避,现场的"身份代表"就会表现出来,比如"身份代表"停滞在那里。即便导师通过与案主的对话,引导他看见这个场景,但案主不认可现场所看到的,案主的心念不变,场上的流动就会停滞不前。一般情况下,导师的功底深厚的话,可以引导案主尝试敞开自己的心扉,或者通过"身份代表"去说一些话,这些话是替案主去表达的,可能就会打开一个突破口,往好的方向发展,案主自己就会被疗愈。在这个过程中,如果围观者很投入地去观察进而自我觉醒,那么也会被疗愈,也就是围观者与案主有同样或类似的问题,顺带把自己疗愈了。被疗愈是因为发现了之前没有意识到的问题背后的原因。

我参加过一次课程,有一个案主的问题是自己的孩子在学校中遇到了交际困难,案主比较担心自己孩子的情况。在课程中,导师引导案主发现孩子的这个困难只是一个表象,让案主(孩子的母亲)觉醒,问题不是出在孩子身上,而是出在这个母亲身上。导师让案主上台,躺在地上,用一条围巾盖住了她全身。看到这个场景,围观者多半会联想到死亡。试想一下,让你躺下盖上围巾,你能自在地躺多久?通常都会很快站起来,把围巾揭开吧,但是这个案主躺在那里一动不动，躺了五分钟以上，如果导师不过去引导干涉，她也许会一直躺在那里。案主的心随着她已逝的母亲走了，现在活得像个躯壳，未活出自己，这就解释了现实生活中案主整个人给人一种木木的感觉的原因。导师给了一些话语上的引导，案主大哭了一场，这是她对母亲突然离世的伤心、悲痛欲绝的表达。这么多年，案主一直逃避这个事实，不让自己难过的方法就是冻结自己，进而影响了孩子。围观者看着这个案主，跟着流眼泪。凡是流眼泪的围观者，其实同样有这样的伤疤，比如自己的亲人离世未表达悲伤，借这个场景哭一场，当情绪发泄出来了，表达了悲伤，整个人的状态都会好一些。记得这个案主当天做完个案后，整个人的面相都不一样了，像是变了一个人。此后，这个案主还和我分享了她的内心感受，她感受到了愉悦和轻松，是几十年未有的感觉。这个感觉非常好，虽然不是通过一个个案就可以彻底解决自己的"卡点"，但是可以让案主意识到根源在哪里，未来调整的方向是什么，需要通过做哪类专业的练习去慢慢接纳，与自己的潜意识和解。

只有自己的心念变了，整个人的状态才可能改变。

当然也会遇到案主个案结束却没有一丝改变的情况，比如现场的"身份代表"们从上台到结束一动不动，能疗愈多少，揭开多少伤疤，关键看案主本身。如果案主潜意识里不配合、不愿意，一直回避的话，导师再厉害也无法改变这个现状。因为场域中"身份代表"们呈现的是真实的现象，如果案主说的话不是真的，那么疗愈自然没有效果，所以最终的修行都是在个人。系统排列是一种让你的心灵去看见的精准的方法，会让你看到潜意识中存在的困惑、自己一些行为背后的深层原因。它是一个诊疗手段，会告诉你方法，后续改变的效果如何，取决于案主自己努力在生活中去践行。个案结束，是改变的开始。

　　从2021年至今，我参加过多次徐珂老师的系统排列工作坊课程，现分享我的一些体悟。潜意识的能量流动、心念的转变带给案主、"身份代表"及场内所有人强烈的感受。这种感觉很特别，整个过程需要克服揭开伤疤后的痛，像是重生。个案呈现自己与自己、自己与家庭的关系，身心未合一的情况比较多见，明明自己知道问题出在哪里，但就是不接纳自己，围观者看明白了，但是场上"身份代表"的位置不变，眼神不与别人接触。改变自己或者面对自己的内心并不容易，在一两个小时的潜意识关系呈现中，能看到案主的心在变，他虽然痛苦，但是敢于去面对，这样的案主值得我们去尊重和赞美。围观者用心去看、去体会就是最好的支持，案主的某一个困境与自己的很相似，爱的流动在围观者的身体里发生着。徐珂老师的敬业精神让我非常敬佩，能遇到她是我们的福气，让我们少走很多弯路！亲爱的读者，感恩我们今日的相遇，希望未来有更多的伙伴到现场体验，相信会为你开启一扇新的窗，重新看看自己、家庭和这个世界。**珍惜生命，好好生活**。遇见可能是在一瞬间，但疗愈可能会影响一生。

系统排列是一种让你的心灵去看见的精准的方法，会让你看到潜意识中存在的困惑、自己一些行为背后的深层原因。

系统整合

系统排列，我的智慧启蒙

■ 大娟

"生命彩虹"系统联合创始人、总经理
世界 500 强企业品牌顾问、品牌架构师
企业系统整合排列师

我接触系统排列的时间不算久,但在几个月内迅速成长、增长了智慧。

我会通过自己与系统排列的 3 次际遇,和大家分享我的认知收获和未来计划,希望给正在阅读这本书的你带来一些启发,一起增长生命智慧、获得和美人生。

系统排列的 3 次转折

第 1 次:2023 年 6 月,关系排列,解冻了冰封的心

2023 年 6 月,一个工作日下午,我走进杭州钱塘江边的一个咖啡厅,参加一个 5 人规模的活动。那是我第一次参加能量方面的活动。

去之前,我并不清楚活动的具体形式是什么样的,只大概知道是通过游戏的方式让自己解压,我挺感兴趣,因为那段时间,我的心情确实很低落。

那场活动给我的印象可以用一个词——神奇来形容！我不停地问老师："这是真的吗？对方心里真的是那样想的？这是什么原理呢？"

老师没有给我讲太多，我也没有再追问，带着激动和好奇践行了系统排列给我的启发。**果然，当我冰封的心开始解冻，对方冰封的心也慢慢融化了**。

但这次体验并没能驱动我继续深入研究它，因为我半信半疑，慢慢淡忘了。真正深入学习系统能量，是在5个月后。

第2次：2023年11月，企业排列，让我懂得了用心的重要性

2023年11月，我去参加了国内首批企业系统排列师的授证课程，进行了4天沉浸式、高密度的学习。

报名之前，我并不知道企业系统排列是什么，我只知道它一定有利于我的事业转型。

上完课后，我发现企业日常遇到的大部分问题，我都很熟悉（我有8年的上市公司履职经验），企业系统排列对于处理这些问题确实是一个非常高效的决策工具，但这并不是我上课的最大收获。

最大的收获是什么？是我看到了自己的心很悲伤。

那是一次小组练习课程，我们在排列自己的身、脑、心关系。我的脑和心处于两个极端——**脑，就像一匹脱缰的野马，马不停蹄地奔向远方；而我的心，低头看着地面，悲伤哭泣**。

那一刻，我才意识到，我对自己的了解太少了。一年前宝宝胎停、几个月前爷爷离世等创伤记忆，给我带来了很大的悲伤，但我一直告诉自己都过去了，而且让自己拼命忙碌起来、坚强起来，但内心从来没有停止过悲伤。

课程结束后，我用学到的企业系统排列技术陪伴客户消除卡点，让客户慢慢放松，我发现我的生活与事业变得跟以前大不一样了，轻松了，人也变得喜悦。

第3次：2023年12月，财富排列，让我感受到了用心的奇迹

2023年12月，我参加了一个关于财富关系的课程，以系统排列为基础方法，分析财富和自己的关系，还分析了我为什么做事业——为自我成长、为家族、为世界等。

那时，我深入了解系统动力已经有一个月了，比过去更懂得用心感受、用爱融化的重要性。在一次小组比赛中，在竞争激烈的模拟市场中，我竟然带领小组成员用很轻松的方式斩获了小组第一名。

后来的日子里，我越来越感受到，当我持续观照内心时，我会获得更多内在的力量与智慧，我身边的家人、朋友、团队、客户，也会因我而激发出他们自己内在更多的力量，从而获得精神层面的喜悦、物质层面的富足。

现在的重要认知

我变了，整个世界都会变

学习系统排列后，我意识到系统动力看不见、摸不着、讲不明，但它是真实存在的，它会推动系统随时随地发生变化。

而有些人总是抱有一成不变的执念与偏见，甚至抱怨自己所处的环境。认为自己已经很努力了，但生活没有好起来，久而久之，便认命了，认为人生就是这么苦，就该将就，所以对未来越发感到迷茫。

殊不知，牵一发而动全身，当系统的某个部分发生变化，整个系统也会发生变化。大部人的痛苦来自他们总认为自己是受害者，总希望别人改变，但别人偏不朝自己希望的方向改变。

你有没有问过自己："那个改变的人，为什么不能是我自己呢？"

我，是唯一能给予自己一切的人。我变了，整个世界都会变。

我，是唯一能给予自己一切的人。我变了，整个世界都会变。

向外求,不如向内求

几个月来,我见过很多家排现场、企排现场,解决方案已经呈现在那里了,但案主代表就是不愿意行动,系统僵持在那里,通过一定的外力引导才相对缓和。

但回到现实生活中,外力引导消失了,自己很快被打回原形,回到旧模式里,问题并没有得到彻底解决。

我发现系统排列这个工具有它的局限性——**只能呈现某一个议题实相和解决方案,如果事事都排列,可能导致案主过度依赖、优柔寡断、思虑过重。**

在后来的工作、生活中,我是怎么做的呢?

当我的客户找我咨询时,如果我对他的实际情况所知甚少,我会考虑用排列高效解决问题;当我对他的信任度、了解程度更深时,我会启发、鼓励他用自己的心去感受。

当我面对自己的困惑时,系统排列并非我的首选之策,我会尝试用自己的心去感受,然后与我的成长导师交流与探讨。

你可能会好奇:如何用心感受?找谁交流与探讨?别急,往下看。

从我,到我们,三生万物

综合以上经历,2023 年 12 月 12 日,我做了一个决定——我不仅自己要活得喜悦富足,还要让更多朋友活出自己,我要从"我"迈向"我们",并以之为毕生事业。

很快,我退出了合伙公司,集中全部精力,聚焦于唯一事业——生命彩虹系统。

生命彩虹系统的创始人是无生、无心两位老师,他们陪伴并见证了我一路的成长与觉醒,我也深深感受到生命彩虹比任何其他事业更能帮助我实现心中大愿——让更多人幸福起来。所以,我成为生命彩虹的首位联合创始人。

生命彩虹系统是什么?通过教育(开启智慧)、陪跑(学以致用)、服务(新生活方式),打造和美人生全程服务平台,陪伴亿万人过上喜悦富足的和美生活。

回到前面那个问题——如何用心感受?找谁交流与探讨?答案都在生命彩虹系统里。

未来的梦想

活出自己,照亮他人

活出自己,照亮他人——这8个字中,让我感触颇深的是"**照亮**"二字。

我要做的,就是脚踏实地,让自己活出喜悦富足的状态,像太

阳一样照亮他人。

至于对方是睁眼还是闭眼,选择看见光明还是蜷缩在黑暗中,我不干涉,我不指手画脚,我尊重他的一切选择。

我能做的,就是活出自我,带着爱持续发光发热,善待他人。当他人选择睁眼看我、靠近我时,我一直都在,而且光芒越来越明亮、越来越温暖,因为我的成长从未停滞。

智慧育儿,造福社会

父母在孕育生命之初,都希望孩子健康、快乐,但当孩子长大后,父母的爱开始变得沉重,甚至畸形。

我很早就开始思考,未来我会成为一个什么样的妈妈。非常幸运,在推进生命彩虹系统的工作中,我率先学习了家庭教育智慧。

我知道,孩子并不属于我,他属于他自己,属于我们赖以生存的社会。

孩子如何开启自己的独立人生?孩子以什么样的品行进入社会?我不知道,我也无权干涉。

我能做的就是陪伴他健康、快乐、平安地成长,获得智慧与能力,然后全然信任地支持他去过自己独一无二的人生。

生命彩虹,温暖全球

没错,我的"野心"确实挺大,我的梦想不止于自己的小家庭、不止于身边的朋友。

几年后,生命彩虹系统会启动品牌出海,迈向世界,我会和生命彩虹的伙伴们一起去温暖全世界的朋友,让每一个进入生命彩虹系统的人都感受到被欢迎、被爱。

谢谢你的阅读,让我们一起开启生命智慧,获得和美人生,迎接自己人生的生命彩虹!

系统整合

透过拖延状态,看见系统的力量

■ 露娜

IFPA、NAHA 双认证国际芳香疗法讲师

美国 NGH 催眠治疗师

NLP 执行师

澳洲精油洞悉卡授证讲师

家庭教育指导师

女性能量导师

DISC 授权讲师

还记得第一次听说系统排列是在李中莹老师的官方账号上，之后我所在的城市有一场个案排列工作坊活动，抱着好奇的心理，我观摩了这场活动。说实话，感觉不太好，做个案咨询，用代表代替案主，场上的人都像演员一般，哭的、笑的、躺的、跑的都有，这让我很是不解，就这么"演"，个案就做完了？像是即兴话剧一样，让人不解，我看不懂其中的门道，所以对于将系统排列运用到个案咨询上，我心存怀疑和排斥。

时隔一年后，我遇见了徐珂老师，她重新塑造了我对系统整合个案工作坊的认知。

那时，我参加了线上的身心减负减重训练营，多次听见"跟妈妈撒娇""跟家族系统产生关联"，这让我产生了好奇心，这些学问跟系统排列相关吗？我走进了徐珂老师的财富能量个案工作坊，我被邀请做了两次身份代表，依然很清晰地记得当时大脑里有很多个"应该"，如我应该怎么表达，应该怎么做，我问徐珂老师："假如我站在台上，一点感觉都没有，那该怎么办？"她说："如果个案的案主选择你做代表，假如你的感受是这样的，那说明他的课题跟你没有关系，你只需要跟着自己的感觉走。"那一刻，我遵从自己的身心感受，真实而从容地表达当下的身体反应、内在的情绪感受，有一种强烈的想流泪的冲动，双脚发软，我的认知一次次被刷新。

后来，我深入学习关于系统排列的课程、NLP的运用，这为多年心理咨询提供了有效的工具和方法。通过个案分析生活的困惑、想要解决的问题，看似不起眼的一句话、一种情绪表达，能洞见关系在问题中的"错位"，从根源进行分析，协助案主觉察并做出调整，这就是系统的力量，令人惊叹。

系统排列通过身份代表与互动呈现的方式帮助案主理解自己在系统中的位置和作用，整合观察整体和部分之间的相互关系，帮助案主通过调整自己的行为和态度来改善整个系统的运行状况。**通过场域的呈现，可以更好地理解自己在系统中的位置和作用，并找到解决问题的方法**。

家庭系统排列是一种有效的工具，通过排列代表案主的符号或者物品，观察这些符号或者物品的位置移动，可以帮助我们理解和处理家庭问题，促进家庭关系变得和谐。它可以帮助我们经由案主描述的表面信息，通过与案主的交流，深入了解其家庭成员之间的关系，发现隐藏的模式和动力，为解决问题提供指导和支持。小物件的排列是我在咨询中常用的方法，在我的个案中，给我留下印象最深的是，透过"拖延状态"的困惑，帮助案主解决多年来原生家庭中与父母爱的纠葛，找到了内在驱动力以及轻松的生活方式。

案主：（女性，39岁，创业者。处理工作总喜欢拖延，搞得自己经常手足无措、紧张,想要改变这种状态。)

工作时,我常常会等到截止时间才完成任务,即使有充足的时间,也不会提前做准备,拖延习惯让我很被动,想改变可是好难,有没有办法解决?

Luna 导师:好的,你愿意跟我谈谈你小时候的经历吗?

案主:我是家里的长女,6个月大的时候被送往外婆家,直到3岁多才回到爸妈身边生活。我从小就被教育我是家里的顶梁柱,要为父母争光,要孝顺听话。我喜欢音乐,但因为父母认为音乐与学习无关,所以选择了自己不喜欢的理科。选择大学也是挑离家最近的,不能离家太远。

Luna 导师:嗯,好的。说说你的大学生活与工作吧。

案主:上大学时,我一直都是院系的学生干部,积极参加各种社团活动。从大一下学期开始,我勤工俭学,还创业,开过餐饮店。毕业后,参加事业单位招聘考试,顺利成为事业单位的一员。事业单位的工作较稳定,感觉个人的认知需要提升,自费学习了很多技能知识,后来有机会与朋友一起去新的领域创业。

Luna 导师:你是一个很优秀的人,能力很强。现在我想请你放松,深呼吸,闭上眼睛,想象现在是五年后,五年后的你是什么样子的?在做什么呢?

案主:(迟疑了一下。)我在院子里,一家人在晒太阳,孩子在旁边玩。

Luna 导师:好的,下面有请小物件代表。你想自己做所有物件的代表,还是我来做除了你之外的物件代表?

案主:我做自己的代表,你做我其他物件的代表。

(引入"自己""拖延状态"。)

"自己":粉色的木头人,很平静。

"拖延状态":蓝色方形木头人,目光始终跟随"自己",不能离太远。

"自己"可以看着"拖延状态",觉得"拖延状态"很可爱。

(引入"妈妈"。)

"妈妈":中号的原木木头人,很平静,感觉场上的两个代表与自己无关。

(引入"爸爸"代表。)

"爸爸":较大的原木木头人,有压力,无法面对"妈妈",有愤怒情绪。

"妈妈"一直盯着"爸爸",想要给很多意见。

Luna 导师:看来妈妈在家比较强势,想操控别人。现在场上有几个物件代表,你是什么心情?更愿意看"爸爸"还是"妈妈"?

案主:"爸爸"一上来的时候,我就忍不住想靠近他,有点心疼他。

Luna 导师:我引导你对"爸爸"说一些话,如果符合你内心的感受,你就说;不符合可以不说,或者说你想说的。

案主：好的。

Luna 导师：爸爸，你是爸爸，我是女儿。有些情绪是属于你的，我还给你。

案主：爸爸，你是爸爸，我是女儿。有些责任是属于你的，我还给你。（这里有不同。）

Luna 导师：我给不了你父母能给你的东西，我只做你的女儿。

案主：感觉好多了。

Luna 导师：接下来，我作为爸爸的代表，跟你说一些话。女儿，我很想跟你说一些话，你已经为我做了很多本不该你做的事，爸爸支持你做你想做的事，你只需要照顾好自己，不用担心我。

案主：（泪流满面。）感觉轻松了一点。

"爸爸"看着"妈妈"，也有话说，拳头握得很紧。

Luna 导师：我有点怕你，有点烦你。我不知道为什么，你总是说这不对、那不对，这不行、那不行，总是在挑剔。有的时候，我会觉得紧张，一句话都说不出来；有时，我用吼叫来表达我的不满，我很压抑。

导师说完，长呼了一口气。案主表示，在家里，爸爸对妈妈的态度的确是这样。

"自己"看着"妈妈"酝酿想说的话。

案主：妈妈，请你相信我。

Luna 导师：跟着我说——妈妈，其实我有很多委屈，我经常把这些委屈藏在心里，不敢跟你说，也不想跟你说。我有点怨你，可又不能怨你，我不想扛那么多事，我想你抱抱我。

案主自主跟着说。

Luna 导师："妈妈"有话对女儿说——亲爱的女儿，我不知道我在害怕什么、担心什么，没有一天轻松过。我也知道你承担了很多，我多么希望你是个男孩子，有时候我会觉得你爸没什么用，跟你待在一起，我会踏实一点。可是担心、害怕是我自己的事，不是用来操控你的。妈妈可以照顾自己，爸爸也会照顾我的，你只要做你自己。你的决定，我们都支持。

"妈妈"看着"爸爸"，酝酿想说的话。

Luna 导师：老公，这辈子我都没对你说过，有你在我身边真好，谢谢你这么包容我。

"自己"面向案主，"爸爸""妈妈"站在背后，"拖延状态"转身背对三个物件。

案主：感觉很轻松，每个人都在自己的位置上，可以做自己，没有负担和压力。接纳拖延，不纠结。

拖延是现代人常有的习惯，拖延背后有一种想要做好的需求和完美的标准。当案主需求得到满足，拖延习惯也会改变。

首先，行为发生改变需要内驱力。引导案主想象五年后的自己，画面呈现的是一家三口的温馨场景，可见她内心对家庭系统中爱的流动与滋养充满渴望。只有带着爱与祝福前行，内驱力被激发出来,才会自然而然地做出相应的行动。

其次,找到热爱的事物或者一直想做却未能做的事,例如,学习一种乐器或一支舞蹈,允许自己放松,沉浸于其中。

再次,加强目标管理。目标管理让案主更有力量,有方法、有底气对想要的结果做出规划并进行目标拆解,提高执行力。

在系统排列中,父母与子女间的联结、爱的互动与表达方式,都深深影响成年后的子女。生命经由父母构建的家庭系统成长,妈妈的爱让我们拥有配得感,允许自己幸福、快乐、轻松地过每一天,爸爸的爱带给我们面对困难的勇气,积极迎接挑战,这样的滋养一代传承一代,生生不息,这就是系统中爱的动力。

愿我们在系统中重塑对生命的认知,活出轻松、愉快、成功的人生。

在系统排列中,父母与子女间的联结、爱的互动与表达方式,都深深影响成年后的子女。

系统整合

我与家庭系统排列的故事

■ 高瑞浓

精通情绪教练

资深心力提升培训师

创业者商业教练

累计服务 1000 多个个体转化情绪,提升商业能力,好评率 98%

在一个阳光明媚的周末,我偶然参加了一次关于家庭系统排列的工作坊课程。对于这个陌生的名词,我充满了好奇和期待。工作坊的导师就是徐珂老师,她通过深入浅出的讲解,让我们初步了解了家庭系统排列的基本原理。她说,家庭系统排列是一种探索家庭关系和个人内在的方法,可以帮助我们发现隐藏在潜意识中的问题并找到解决之道。

为了让我们更好地理解,导师现场进行了一次案例演示。她邀请了一位参与者,让他在场地中代表某个家庭成员。然后,通过与其他参与者的互动,导师逐渐总结出这个家庭中存在的一些矛盾和情感纠葛。我被这种直观而深刻的方式所震撼,我仿佛看到了一个个家庭成员之间无形的纽带以及他们之间复杂而微妙的关系。**我开始意识到,我们的家庭和个人经历对我们的生活有着深远的影响。**

在工作坊的第二天,在一次小组练习中,我有幸成为其中一个代表。当我站在场地中,感受到其他代表们的情感时,我突然被一种强烈的情绪包围。我意识到,这个角色似乎与我有着某种关联。通过与导师和小组成员的讨论,我逐渐发现了一些隐藏在我内心深处的问题。这个练习让我意识到,**我一直在无意识地重复某些模式,而这些模式对我的生活产生了负面的影响**。从那一刻起,我决定更加深入地探索家庭系统排列,并将其应用于自己的生活。

分享一下我自己的个案。我的孩子已经快十岁了,但我还没有办法和孩子分开。这让我非常担忧和难受,有时候甚至会自责。我觉得我是一个学习者,我也是一个成长者。我知道亲子关系最终是要指向分离的,可是我迟迟不愿往这个方向迈进。这个时候,导师给我做了一个个案。在这个过程中,我发现原来真正阻碍我的是家庭成员序位的混乱。我的儿子站在老公的位置上,我对老公的依赖来自对爸爸的思念。由于爸爸的离开,我缺少安全感。儿子的到来让我又有了安全感,我把对因为爸爸而缺失的安全感的需求投射在老公身上,没有得到满足,所以后来投射到了孩子的身上,家庭的序位就出现了问题。当导师做出了排列的时候,我的内心一下就被触动了。我开始和爸爸对话:"您的离开带走了我的安全感和精神寄托,我把它们投射在了自己小家庭的成员身上。"导师让我说完这些话以后,调整了家庭成员的序位。我和爸爸做了告别,爸爸也和我做了告别,然后我和老公做了和解,我放弃了对老公的错误投射。老公就是老公,他只要扮演好老公的角色就好,他不需要扮演我爸爸的角色。儿子回到了儿子的位置,儿子看向前方,寻找他的人生。我和老公站在儿子的后方,我的爸爸妈妈站在我的后方。在排列的过程中,我也看到了我和妈妈之间的女性温柔的爱的缺失,所以我将自己和妈妈的关系也进行了调整。这样,家庭成员就都归位了,每个人都找到了平衡。

在这个过程中,我也发现了,对于爸爸的离开,我一直以为我不在乎,后来我才发现这是情绪的延迟以及情绪的积累导致的,所以现在才会有投射。

最后,导师给我呈现了一个非常美好的画面:我的孩子在我的前方,未来的我在现在的我的前方。老公在我的旁边,我的爸爸妈妈在我的身后。我传承了父母给予我的东西,我把父母给予我的传承给我的孩子,这样一代一代地传承下去,整个系统良性运转!

我觉得,之所以会遇到家庭中的阻碍或者争执,这背后有很大一部分原因是家庭成员的序位出现了问题。妻子应该做符合妻子身份的事情,丈夫应该做符合丈夫身份的事情,如果一方对另一方投射了其他的身份,而对方不能满足这个身份投射的期待,就会产生问题。

在做个案的过程中,我看到了身份投射与身份抓取的关联。当一个人的身份投射不能得到满足的时候,可能就会抓取身边其他的人,来作为对之前自己内心深处欠缺部分的补充。比如我抓到了儿子来弥补以前爸爸带给自己的安全感缺失。**我们要接纳和允许别人做他自己,我们也要认清自己在系统里面的身份和位置,去掌握更多的技能。**

在家庭系统排列的学习和不断做自我个案的过程中,我经历当一个人的身份投射不能得到满足的时候，可能就会抓取身边其他的人，来作为对之前自己内心深处欠缺部分的补充。

了许多成长和改变,让我对自己和我的家庭有了更深的理解,也为我的人生带来了积极的影响。我逐渐意识到自己在家庭中扮演的角色以及与其他成员之间的互动模式,我开始更加关注自己的情绪和行为,并努力改变一些不良的习惯。我学会了更好地表达自己的感受,倾听他人的观点,并尝试建立更加平等和尊重他人的沟通方式。

我更加理解家庭对个人成长的重要性。我明白了每个家庭成员都在家庭系统中有着独特的作用,而我们的行为和态度会对整个家庭产生影响,因此,我努力营造和谐、包容的家庭氛围,鼓励其他成员共同成长和改变。

通过家庭系统排列,我还培养了更强的自我觉察能力。我学会关注自己的内在情绪和思维模式,并意识到它们如何影响我的行为和决策。这种自我觉察让我能够更好地管理自己的情绪,做出更明智的选择,并在面对挑战时,保持冷静和理智。最重要的是,家庭系统排列让我更加珍惜家庭和亲情。我意识到家是支持我和让我成长的源泉,而不仅仅是一个居住的地方。我更加主动地与家人保持联系,我们共同度过欢乐和困难的时刻。我也学会了原谅和接受,明白了家庭成员之间的矛盾和冲突是成长的机会。

总的来说,做家庭系统个案是宝贵的经历,它给我带来了许多成长和改变。我学会了更好地理解自己和家庭,改善沟通和互动方式，培养自我觉察能力，并更加珍惜家庭和亲情。这些改变不仅对我个人有益，也对我的家庭关系产生了积极的影响。我相信这些成长将持续伴随我，并为我的未来带来更多的幸福和成功。

家庭系统排列可以通过以下方式应用于实际生活中。

(1) **自我觉察**：通过家庭系统排列的工作坊或个人体验，我们可以增强对自己在家庭系统中的角色和位置的觉察，了解自己与其他家庭成员之间的关系模式以及可能存在的潜意识动力，从而更好地理解自己的行为和情感反应。

(2) **改善沟通**：家庭系统排列强调沟通的重要性。在实际生活中，我们可以运用所学的沟通技巧，倾听他人的观点，表达自己的需求和感受，以建立更加科学的沟通模式。

(3) **解决矛盾**：了解家庭系统排列中的矛盾解决方法，可以帮助我们在实际生活中更好地处理家庭成员之间的冲突。通过面对问题、理解彼此的立场，并共同寻找解决方案，我们可以促进家庭和谐。

(4) **增强家庭凝聚力**：家庭系统排列强调家庭成员之间的联系和相互支持。在实际生活中，我们可以通过定期的家庭聚会、共同的活动，加强家庭成员之间的情感联系，增强家庭的凝聚力。

(5) **个人成长**：参与家庭系统排列可以促进个人成长和自我发展。通过面对内心的困惑和挑战，我们可以培养更强的自我意识、情绪管理能力和解决问题的能力，这些都可以在实际生活中得到应用。

需要注意的是，家庭系统排列是一种工具和方法，它提供了一种视角和框架，但并不意味着它可以解决所有问题。在实际应用中，需要结合个人情况和专业指导，以达到最佳效果。

系统整合

发现家庭的力量

■ 黄琳睿

武汉大学哲学学院哲学(强基计划)在读

2023年暑期获评"三下乡"社会实践活动优秀个人

曾作为团队主要成员参加浙江大学中国农村发展研究院郭红东教授团队组织的"发展特色农业,促进农民增收"主题调研,撰写调研报告并获优秀调研报告三等奖

我与家庭系统排列：与父母的关系如何修复与改善？

我的家庭关系就像我的成长历程一样，经历了一个从平和到斗争再到和谐的过程。在年纪尚小的时候，我感到家庭氛围非常包容、平和。在小学阶段，练习写字、计算枯燥乏味，我逐渐不耐烦，最后还是父母帮忙完成作业。后来学习奥数，学业压力逐渐增大，我一步步告别孩童的稚嫩与单纯，有了自己的思考与追求，并开始理解父母，更加关注父母的情绪、顾虑。

在初高中阶段，虽然我的自主性得到极大提升，但在家长们都更加重视成绩与排名的阶段，因为学习而爆发的争吵可谓家常便饭——父母达成一致，认为我需要反思，比如学习能力不足、专注度不高等问题；而我渴求父母的理解，希望他们能理性看待成绩。由于双方都无法达到目的，就形成了两个阵营的对立：休战之时，融洽相处；对立之时，争吵不休。仔细想想，承认自己的不足并没有那么困难,因为我深知父母的批评和责备并不是为了打压和控制我,更不是全盘否定我;相反,他们也在尝试发挥家庭教育的作用,希望我能够拥有某些优秀的品质和能力。双方的愿望和实际发展情况不一致,才需要斗争以达成妥协。本质上,斗争不能解决任何问题,然而它作为我与父母之间重要的交流方式,使我意识到陪伴与沟通在亲子关系中无比珍贵。从初中到高中,我在校的时间居多,在家与父母相处中的不愉快较少,不愿将短暂的共处时间消耗在无意义的事情上,所以就较多地选择了沟通交流的和谐模式,父母成为合格的倾听者,我则不断向他们索取。除了物质支持以外,我向父母倾诉我遇到的困难,在人际关系等各种问题上寻求他们的帮助,并在沮丧、焦虑等情绪出现时,得到他们的开导。在人际关系的问题上寻求他们的帮助,并在沮丧、焦虑的情绪出现时得到他们的开导。平和的关系一旦形成,意味着父母与我都在成长,首先是自身的情况有所改变,开始具备处理问题、消化情绪的能力;其次是家庭成员相互影响,母亲率先开始学习一些与家庭相关的课程,甚至带动了一向辅助、配合她的父亲,一家人共同参与。我逐渐明白,父母经过协调沟通,他们二人之间的和谐关系是修复我与父母关系的重要基础,弱化矛盾,消除分歧,不断地加强家庭意识。**我们不仅在家庭空间中相处磨合,更在精神空间中形成紧密的关系**。

颠覆慈父严母模式：接受我在未成年时期母亲的严厉教育

母亲一直是我的第一教育者。在塑造我的品格与特性最重要的时段，她的严厉教育曾引起过我的反抗。我虽心生厌恶，但没有憎恨与消极反抗，在我看来，这是严厉教育的最大成功之处。母亲的教育方式如下：**第一，划分清晰的教育场域，主要分为现实场域与虚拟场域**。前者指的是公共场合与家庭的区分，后者指的是需要实行严厉教育的场域。**第二，把握合理的教育尺度**。关于诸多重大问题，母亲紧紧守住做人的"红线"，对它们的重视程度甚至超过了多数家长重视的学业表现，它们成为我人生中不可缺少的警戒线。关于诚信问题，我曾经在大事小事上欺骗父母。因为牙齿问题频发，尤其容易蛀牙，所以我必须少吃糖果等甜食。当我贪嘴偷吃被发现的时候，面对母亲的询问，如果说出心虚的谎言"没有吃"，我就会遭到一番严厉的批评。欺骗与谎言可小可大，勿以恶小而为之，于是，随意的谎言和遮掩的行为就这样从我的个人行为规范当中被剔除，我逐步完成了从"不敢"到"不能"的蜕变。母亲的严厉从不是殴打或者过于严苛的惩罚，而是客观的说教，之所以我能够接受批评教育，是因为我已经能够懂得自己犯了什么样的错误、会面对什么样的后果。另外，如果是善意的谎言，她会选择理解和包容，从诚信问题切入，帮助我树立正确的价值观。**第三，双方需要反思与求和**。严厉不是永不停止的，它间歇地出现，总有终结。我们共同反思事件本身，并且思考之后应该怎么做。讲道理的环节结束后，我接受惩罚与责备，能理解母亲的严厉态度；同时，母亲会为说重话而道歉。一旦原则已经建立，低头道歉，互相安慰，我们都希望重归于好，自然而然地修复母女关系，而不至于决裂难堪。

母亲的力量

给予我充足的正向反馈

在我的记忆里，母亲从不会贬低我。如今，以各种方式贬低他人的精神控制现象层出不穷，我在原生家庭中就摆脱了贬低对我的束缚，因而他人对我进行无谓的批判与贬低也就不起作用了。

记得初中的时候，我不太擅长体育运动，也不想在社团活动中学习课堂知识，便报名参加了女红社团。母亲没有批评我，也没有认为我在进行毫无意义的学习，反而支持我的想法，理解我的独特兴趣。回到家里，我难掩初学者稍有成果的兴奋，她便耐心地听我为她讲解起针，表扬我制作的成果。在我为织围巾做准备时，她询问家中的老人,走进商场,帮助我寻找并购买合适的毛线材料;在制作过程中,我向她炫耀学到的针法。通过一个学期的社团活动,我掌握了平针、上下针,织围巾不在话下,甚至还学会了织手套。最后,我织出了一条五颜六色的围巾。我曾戴着这条围巾,在华山西峰的斧劈石下与父母合影留念。我还为母亲织了一只大红色的手套,多么滑稽!只有一只手套,这注定是不能戴的,然而她收到的时候欣喜若狂,之后还把这只手套展示给全家人看,对其他亲人说:"这是我女儿亲手织的手套!"近期,在大学的通识选修课上,我再次选择了与手工制作相关的课程,学习湖北传统刺绣艺术——汉绣,母亲同样表示支持,夸赞我拓印的祥云图样。每当我向父母展示成果的时候,都能感到他们心中洋溢的骄傲以及对我毫不动摇的支持态度。**越长大,我越加明白,这根本无关乎成果精美与否,而是父母的认可与支持,使得成就感与获得感滋养了我**。无数正向的反馈就像阳光一般,给我力量,让我有自信去挑战自己,鼓励自己,肯定自己,从而获得来自其他人的正向反馈。

放弃比较:把别人家的孩子"赶出"我们家

放弃与同龄人比较并不意味着放弃比较这一重要的评估方法,而是正确地进行比较,才能产生积极作用,也就是与先前的自己进行比较或者自主进行比较,通过刺激疗法得到改变。小时候,无数正向的反馈就像阳光一般,给我力量,让我有自信去挑战自己,鼓励自己,肯定自己,从而获得来自其他人的正向反馈。

母亲经常将别人家的孩子挂在嘴边，我总是表达强烈不满与愤怒，了解到他人比自己更加优秀的事实的确让我有些难过，但是母亲直言我不如人似乎更让我难以接受。后来，母亲逐渐意识到与别人家的孩子相比是完全不必要的，并且不能改变任何教育的失败，弥补我的不足。那么如何进行比较就显得非常重要。在小学阶段，母亲结合实际情况，要求我学习书法、国画。几年时间里，我一直坚持了下来。书法就是要不懈地临摹、练习，才能练成一笔好字。母亲在和老师沟通交流的过程当中，敏锐地发现了在临摹、练习的过程当中，与自己之前写的字进行比较的重要性，于是指导我在对比参考字帖和老师示范的字样之后，在每一行自己书写的毛笔字中，在米字格角落用×表示不完美与失误，用○表示良好或优秀，与自己的比较启发我，要更多地把精力放在自己身上，进而超越自己。

面对自己，改变自己

关于自身与外界的关系，母亲不仅对我说"你不能改变别人"，还教会我面对自己、承认不足、面对现实。 每次下发成绩单，不论好坏，我都调整心态，坦然面对。再长大些，我开始面对自己的嫉妒心，抑制自己的嫉妒。当我没能达成某个设定的目标或学习成果时，嫉妒成功者的心理虽然会出现，但我会及时消除嫉妒心理所带来的消极影响。母亲以身作则，尝试改变自己。在她多次号召之下，我慢慢改掉了懒惰的习惯，办健身卡，上私教课，真正行动起来远比空谈和黯然神伤好得多。

总结

父母作为家庭的主要成员，共同承担责任，维护家庭的和谐与稳定。

第二章
拥有幸福

系统整合

爱与幸福同时拥有

■ 纪色斐

NLP 执行师

家庭系统整合师

徐珂老师嫡传弟子

女性能量课程授权导师

DISC 授权讲师

曾经的我,在成为妈妈后,丢失了自我,满眼只有孩子,看不见老公和身边其他人,身在福中不知福。**后来遇见徐珂老师,我看见了爱我的人和我爱的人,重拾被忽视的爱,重建温柔流动的爱,拥抱爱与幸福**。

重拾被忽视的爱——家庭关系和谐有爱

曾经的我,在生完女儿以后,和很多妈妈一样,满眼只有孩子,把全部精力都花在女儿身上,关注女儿的一举一动,甚至女儿拉一泡屎,都要去闻一下,别人对我的好,我全都看不见。在女儿喂养方面,我很细致用心,要求家里人跟我一样,一旦和我意见不同,我就会觉得身边的家人对我有意见或者不爱我。我的家庭因为生活习惯不同而矛盾重重。我家公家婆是北方人,我是南方人,生活习惯完全不一样。虽然都是为了孩子,但我看不见其他人的付出,心中只有对老公的埋怨,对家里其他人的不满。我曾经问老公:"如果我和你妈妈同时掉水里,你会先救谁?"现在回过头想,觉得那个时候的自己像是掉进了一个坑里面,有点产后抑郁,看不见身边的家人对我的好,看不见老公对我的爱。

2019年,我第一次上徐珂老师的个案工作坊和女性能量工作坊课程,回到家后,看到老公正在收拾家里。如果是以前,我会很生气,觉得他这样做是在表达对我的不满,指责我把家里弄得乱七八糟。但是那天,我改变了态度,我笑着对他说:"我好像进错门了,这是咱们家吗?"老公当时很开心。我还跟他说:"老公辛苦了!"这是我以前从来不会说的话。我以前从来看不见老公的辛苦,对他的态度和语气也不好。以前我叫老公做一件事情,他没有按照我说的来,我就会想他到底爱不爱我。后来我意识到在与老公相处时,自己不是在妻子的位置上,而是经常在"小孩"的状态中。

通过学习,我发现:原来我把老公投射成了父母。父母才会无条件地满足我,但和老公相处时,不应该是这样的,老公和我是平等的。**当我能够看见身边的人和察觉到他们的爱,我发现自己变得身心轻松,与身边人的关系也好了很多**。虽然身边的人还是那些人,但当自己转念后,发现老公其实还是跟原来一样爱我。和老公的关系好了后,对家里其他人,例如家公家婆也没有那么多意见了。

2022年,我第一次做个案,看见自己在生活当中经常会有派生情绪,就是想要通过派生情绪来引起老公还有爸妈的关注。第二次做个案,我看见自己在原生家庭和现有家庭中被父母和老公爱着。**确实如此,我是一个幸福的人,被身边的家人爱着,只是自己身在福中不知福。**通过个案,去看见和觉察自己;通过不断学习,让自己重拾被忽视的爱,重新感受家庭关系的和谐有爱。

派生而流动的爱——亲密关系轻松愉悦

徐珂老师的女性能量工作坊课程,让我学会了六字箴言:"我不会,可以吗?"在老公面前,要学会示弱。以前我语气很僵硬,觉得老公必须为我做事情。后来就改变了,跟老公说完一件事后,再加一句"可以吗",效果很好,我老公回复的态度完全不一样了,他感到自己得到了尊重。老公收拾东西,我经常夸他,说他真是太厉害了,怎么不去当收纳师。这样他就会很开心,更愿意去做家务,把家里收拾得很干净。

以前我很少向老公要求买什么,我认为我们结婚这么多年了,他应该知道我需要什么,但实际上并不是这样。很多时候,女人在有需求的时候不懂得表达,不会向老公提要求,就会导致对老公有很多不满。比如,我老公每年在我生日的时候,都会送我U盘和移动硬盘,从来不会给我买包包或者鲜花之类的。我当时对他有很通过个案,去看见和觉察自己;通过不断学习,让自己重拾被忽视的爱,重新感受家庭关系的和谐有爱。

多不满,觉得他不了解我,不懂得女人的需求。听了徐珂老师的课后,我明白了要主动向老公表达自己的需求。在生日、情人节等重要时刻,我会直接把网上的购物链接发给他,让他给我买自己想要的东西,比如包包、香水、口红等等。他下单后,我还会截个屏发给闺蜜,有时候也会发朋友圈晒晒幸福。这样子自己开心,老公也开心。

每一次学习,都让我有不同的收获和改变。我偶尔在老公面前会有派生情绪,这种时候,我就会自我觉察和提醒自己,在照顾好自己的同时,主动跟老公表达。

温柔而坚定的爱——亲子关系融洽

通过学习,我学会了在孩子面前示弱,接受自己不是一个完美的妈妈。当女儿问到我不会回答的问题时,我就会很坦然地跟女儿说:"我不知道。"当我能够在女儿面前表示自己不是什么都懂,也有不知道的东西的时候,我发现自己变得轻松起来,女儿也会更积极主动地去寻找问题的答案。

以前,我经常会因为孩子的教育问题和老公吵架,经常在女儿面前数落老公的不是。后来,我学习了亲子关系里的铁三角关系,开始在女儿面前夸老公。以前,老公做饭的时候,我经常会说他做的饭菜不好吃,而那段时间女儿也会和我一样挑剔。后来,我改变了，不管是不是我喜欢吃的饭菜，我都会在女儿面前说："爸爸做的饭菜太好吃了，色香味俱全，跟五星级酒店的厨师做的一样。"结果女儿每次见人都会很自信地说："我爸爸做的饭菜就跟五星级酒店厨师做的一样好吃。"

家庭系统中的整体、平衡、次序让我学会了肯定老公，这样老公在女儿面前树立了权威，女儿会觉得爸爸是这个世界上最厉害、最有力量的人。同时，老公也会给我更多的支持和理解，家庭氛围变得温馨和谐，孩子的状态也变得越来越好。我女儿在幼儿园阶段曾经性格腼腆内向，在课堂上发言不够积极主动。后来，我发现当我和老公共同营造温馨和谐的家庭氛围，给女儿足够的陪伴，并总是给她鼓励和肯定时，女儿就变得大胆主动些，性格也开始变得开朗活泼。进入小学阶段，她在课堂上也积极举手回答问题，积极参加学校的活动，对于自己的兴趣爱好也比较有主见。在2023年，女儿积极参加各种活动和比赛，获得了不少奖项。**给女儿温柔而坚定的爱，亲子关系就会变得和谐，父亲有力量、有规则，母亲慈祥、温柔，女儿开朗、活泼。**

爱与幸福同时拥有

在现实生活中，我与老公尽管会有小吵小闹的时候，但是我和老公的心永远是在一起的。当我的亲密关系良好的时候，我发现我还能影响别人。这就是助己助人。2023年,我做了6个与亲密关系相关的个案,6个案主代表呈现的结果都是与老公的关系亲密、轻松、愉悦。这是很多人追求的亲密关系的理想状态。

通过在工作坊的学习与觉察改变,我各方面的关系都变得越来越好。在家庭关系中,我看见了身边所有人对自己的爱,感受到了幸福。在亲密关系中,与老公的相处有派生而流动的爱,亲密关系更加轻松愉悦。在亲子关系中,给女儿温柔而坚定的爱,父亲更有力量,母亲慈祥有爱,女儿活泼开朗。我想,这就是我的家庭婚姻生活:同时拥有爱与幸福。

系统整合

让每个人都生活在爱的海洋里

■ 金姿言

当当网畅销书《身心减负》合著作者

20年资深钢琴老师

中国音乐学院考级评委

国内首位把心理学带入钢琴教学的老师

DISC授权讲师

NLP执行师

服务300多个家庭,擅长解决各类育儿问题

说起系统排列,我最想说的就是没接触它之前和接触它之后的感受。不知道大家之前有没有听过家庭系统排列或者家庭系统整合？在我最初没有近距离接触这门学问的时候,只是听其他人说过,它让我害怕,甚至恐惧,以至于很多年来,我都处在听他人说却没有勇气去接触的状态。

直到 2021 年,我抱着试一试的态度,做了一次个案,我才发现这门学问并不是可怕的,而是温暖的,和我之前听到的有很大差别。在这次个案之后,我深深地爱上了这门学问,觉得它可以真正给我帮助,让我从根源上找到问题,而不是像无头苍蝇一样乱撞。后来,我正式开启了关于系统排列的学习生涯。

在学习的过程中,我非常喜欢李中莹老师对系统排列的总结,他说:"**系统排列是把所有的能力结合成为'我＋人生＋世界'的学问**。"我非常佩服郑立峰老师,他能根据中国的国情,深入浅出地讲解系统排列的原理、方法和运用。

接下来,我将我学习到的内容和自己所做的个案相结合,和大家分享我为什么如此深爱系统排列。

我做的第一个个案是关于两性关系的。当时,我只是觉得我跟另一半之间有一些误会或者矛盾,想通过做个案找到问题并解决,没有想到两性关系也会因为我和原生家庭的关系而受影响。在我看来,我从初中就开始叛逆,16岁就离开家去外地上学,我并不依恋我的原生家庭,觉得自己很早就离开了原生家庭,父母也觉得我是一个不恋家的孩子。其实从平时的行为上看不出来,只有内心深处才知道自己最想要什么,因为内心的需求和现实生活不相符的时候,自己会有非常不舒服的感觉。这种感觉往往会影响我们的状态,但自己不知道为什么会有这样的状态,这就是身心分离。

在做个案的过程中,我一步一步地看到了,虽然我已经成人,有了自己的家庭,但我并没有从原生家庭里走出来,我的心依然紧紧地和原生家庭在一起,我甚至想把老公也拉进我的原生家庭,跟我一起照顾我的父母,甚至照顾我们整个家族。看似我跟父母的关系不是很好,自己不经常回家,没事也不怎么打电话,但我一直牵挂着家里,去操心父母的一些事情。**这时,我并不是父母的孩子,而是父母的父母,甚至是家族的族长**。我感觉什么事都需要我去处理,没了我就不行。

其实,我的内心是非常渴望做一个孩子的,因为在"族长"的位置上,我很累。为什么我会去管家里本不该我管的事情?是因为父母有父母的创伤,他们不知道,我也不知道,我就去充当他们的父母,照顾他们。这样的照顾,其实不是彼此需要的,长此以往,大家都不舒服。我会觉得为什么不论我怎么做、做什么，都得不到父母的认可；父母会觉得我怎么什么都比他们厉害，他们内心会有一种挫败感。他们非常清楚，他们要的东西并不需要我去给他们，而是需要他们的父母提供，但因为种种原因，他们不能直接向自己的父母表达，就把需求转移到我的身上，所以就算我做得再多，都不是父母要的那种感觉，久而久之，他们对我的不满情绪也会越来越多。

就是因为我把原生家庭看得很重，所以会让老公觉得我压根不在乎我们自己的小家庭，从而导致我们之间有一些矛盾和误会，让我觉得我俩的关系越来越紧张，能说的话也越来越少，家庭氛围不是那么的轻松快乐，甚至孩子已经在家里做了我的代表。当这一切都呈现出来的时候，老师告诉我，我只有真正把自己嫁出去，我的夫妻关系才可能得到改变。我不太清楚什么是把自己真正地嫁出去，老师又问我，原生家庭和现有家庭，哪个对于我来说更重要？我毫不犹豫地选择了现有家庭。老师说："是啊。你要把精力放在经营你的家庭上，而不是一味地去管父母的事情。父母是成人，你要相信他们是有能力照顾好自己的，要不他们也无法把你抚养成人。**他们的创伤，你处理不了，也干预不了**。他们有他们的人生，你有你的人生。父母肯定希望自己的孩子能过好自己的生活，你把你的生活过好了，才是对父母最大的孝顺。"

通过做个案，我看到了之前大脑里从来没有过的情景之后，我似乎被当头一棒敲醒,回来就按照老师说的方法做交还投射,划清楚现有家庭和原生家庭的界限,告诉父母他们是长辈,我是晚辈,我没有资格去管他们的人生,我只需要做他们的孩子,过好自己的生活就行。**慢慢地,我发现我的身体和内心都轻松了很多,也能分清什么是原生家庭的事情,什么是现有家庭的事情**。当我把这些事情划分开之后,对老公少了很多无来由的期待。例如,之前只要我回我父母家里,就算老公有事,我也要拉他一起回去。如果他不回去,我就会对他进行一通指责。但现在,他要是有事,我就会自己回去,不但不会指责他,还会理解他的辛苦。回到父母家,也会跟父母讲清楚老公要忙的事情,父母能否理解是他们的事情,只要我能理解就好,毕竟是我和老公过日子,又不是我父母和我老公过日子。自从不再硬性要求老公和我一起回父母家之后,我们的关系慢慢地缓和,就像冰山开始慢慢融化一样,家庭氛围也逐渐变得和谐。

当家庭中出现错位的时候,我们要及时地觉察和调整,不能牺牲自己,一直为别人而活。当我们把自己当作家族的族长时,内心可能想的是:你们都没有我做得好。虽然这样的做法是在表达我们爱父母,但这真的是没有界限的。父母有能力养好我们,我们有什么资格觉得他们没有能力照顾好自己呢?

因为这个个案,我对家庭系统排列有了新的认知,便开始系统地学习。在学习中,不断觉察自己在哪个系统里、是什么身份、需要做什么事情；对另一半、孩子、父母有很大情绪的时候，我的需求是什么；我当时看到的对方，是现实中的身份还是有投射的身份。就像徐珂老师说的，排列并不是在排列场域里才存在，它存在于我们生活中的各个角落。当有了这些认知之后，不论是原生家庭，还是现有家庭，都让我们觉得没有了之前的那些纠结，家庭成员的相互理解也比之前多了很多，幸福感提升了不少。虽然我现在还没有把生活过成我想要的样子，但我相信，只要我持续学习，愿意改变，那我的生活一定会越来越好。

我真的很怕我之前对家庭的那种感觉会影响我的孩子，所以我无时无刻不在提醒自己，要不断在生活中去运用这门好学问，它一方面可以让我自己轻松快乐，另一方面，我可以把我之前在原生家庭里不好的感受在这里消除掉。**因为我知道，家庭系统排列研究的对象是爱，我要把之前盲目的爱转化为觉悟的爱**。当我们能感受到爱的时候，说明正在被爱包围，被爱滋养，也能生出更多的爱，去爱我们身边的每一个人。这就是我深爱这门学问的原因。我希望尽自己所能去推广这门学问，让我们每一个人都生活在爱的海洋里。

当家庭中出现错位的时候，我们要及时地觉察和调整，不能牺牲自己，一直为别人而活。

系统整合

用好家庭系统排列知识,让生活更美好

■ 李冬华

高校教师
国家二级心理咨询师
NLP 执行师
家庭系统排列师
七感中级咨询师

从上小学、中学、大学,到毕业后留在高校任教,再到走上心理学道路:考二级心理咨询师证,学习完形疗法、正面管教、元认知心理干预技术、NLP、七感学习法……我一直都保持着学习的习惯,也因为学习而让生活质量越来越高、心理咨询水平也不断提高。在所有的学习中,最让我感到神奇的是家庭系统排列。我多次参加系统整合个案工作坊,现场呈现出来的一幕幕画面、揭示的一个个场景,太超出我的认知了!

我产生了浓厚的兴趣,跟着徐珂老师深入学习家庭系统排列技术。我从多次围观个案工作坊、做案主到做家庭系统排列导师,家庭系统排列改变了我的生活,我也用家庭系统排列改变了很多来访者的生活。

今天,我想分享无数个个案结束后认知、行动的改变和生活的改善。做家庭系统排列个案只能探究问题的根源和让方向更清晰,而真正让生活更美好的是我们愿意用家庭系统排列知识一点一滴地调整自己、改变自己。**希望我的分享能让大家对家庭系统排列有更多的认识,对改善自己的生活有所帮助,让我们的生活更加美好**。

关于觉察

在家庭系统排列里面,我最喜欢的能力是觉察,用心灵不断去感受和看见一个个独立的生命。无论是围观、做代表,还是做导师,觉察都是基本功。觉察让我这个理性的人慢慢感性起来,情绪感知能力得到了很大的提高,能迅速与案主沟通,收集信息,承担代表或导师的职责。

将这项能力运用到日常生活中也是非常好的。无论是独处还是与人互动,只要感受到一些不舒服,我就会先开启"觉察装置",觉察自己的身心感受。有时候,身体某些地方会有闷堵、麻木、疼痛、僵硬等感觉,或者产生委屈、愤怒、恐惧、悲伤等情绪,我会觉察:我的内在发生了什么?我为什么会有这样的感受?我有什么需求没有得到满足?我的心态有没有问题?**这样一觉察,就知道怎么去调整和改变自己了,情绪也比较容易变得平和。**

有一次,我参加一个重要会议迟到了,在大庭广众下进入会场,特别尴尬。坐在座位上批判自己,我觉察到自己的懊悔和羞愧是因为内在追求完美的需求没有得到满足,我摸着胸口对自己悄悄说:"我确实迟到了,有点尴尬。我是凡人,难免犯错,我接纳自己的不完美。下一次我只要早出门十分钟就好了,没事的!"我的心情立即神奇地平静下来。这样的觉察和调整重复多次后,我的内耗越来越少了,追求完美的焦虑性格也改善了很多,有了松弛感。

与他人互动的时候，我会设身处地地去觉察对方的身心状态，如肢体动作、面部表情、神态，以及情绪、内在状态，去觉察对方的话语里面哪些是事实、哪些是判断，这样就能很好地与对方同频互动了。学了家庭系统排列后，很多人会很惊喜地问我怎么这么懂她，让她有找到知己的感觉。由此可见，做导师的基本功练习——关于感知位置平衡法的大量训练可不是白练的！为什么在著名的沟通"73855定律"里，决定沟通效果的不是那7％的说话内容，而是38％的语音语调和55％的肢体语言？这与感知位置平衡法有异曲同工之妙。

与人互动时，我们还容易忽略自身的身份。明明面对的是老公，很多女人却希望对方无条件地满足自己的一切需求，无限制地宠爱自己，否则就生气、抱怨，搞得夫妻关系一地鸡毛。这明显就是把老公当成了爸爸。管教孩子，孩子不听话就生气、抱怨，希望孩子什么都听自己的。这是没认清自己的家长身份，在孩子面前做孩子，这种现象也很普遍。觉察自己的身份，让自己的言行符合身份，大家都会觉得舒服。

关于三种情绪类型

情绪对生活的影响特别大，它是我们的心穿着的外衣，看见情绪就看见了心。在个案现场,导师能迅速识别案主不同的情绪,进行准确的干预,从而解决问题。在生活中,我们如果学会分辨这些情绪并做出适当的应对,会让幸福指数提升不少。

当我们看到别人痛苦、伤心的时候,如果能够感受到他的情绪与他的处境相关,是从内心深处自然而然流露出来的,我们内心很容易与他产生共鸣,那他的这种情绪就是原生情绪了。原生情绪出现在当事人面对问题时,会让受伤的心得到修复,一般二三十分钟之后就会平静下来。我们要做的就是陪伴,千万不要去打扰,打扰就是在中断对方的疗愈。如果是因为失去亲人等引发的悲伤情绪,要多次流露才能完成,重新生出面对生活的勇气。在生活中,我们用原生情绪去联结别人,做真我,尊重内在情绪的流动,会活得很舒服。**看见亲朋好友的原生情绪,懂得接纳、理解和陪伴,是让关系变得亲密的良机。**

但生活中还有这样一种情况,就是有的人情绪非常夸张,有时甚至大喊大叫,满地打滚,情绪的激烈程度与其现实遭遇不相符,我们内心深处觉得烦躁、恐惧,并不会与其产生共鸣的时候,我们就应该觉察到对方的情绪不是自然而然产生的,而是另有目的,这种情绪就叫派生情绪。派生情绪往往是为了得到更多的关注、更多的爱,或者想控制对方。与原生情绪不容易停下来不一样,派生情绪很容易立即停下来,只要你满足了情绪主人的需求。小孩子如果有派生情绪,为了避免他形成用情绪控制别人的坏习惯,就要情绪对生活的影响特别大，它是我们的心穿着的外衣，看见情绪就看见了心。

跟他保持一定的距离，不回应，冷处理，或者直接叫停，不让他得逞。成年人也有派生情绪，有的不但派生情绪，还派生疾病，处理办法同前面所述。爱人间的派生情绪，若属于一个愿打一个愿挨，那就是情趣，所以另当别论。

有时候，我们会莫名其妙地难受，情绪、感受与自己的处境毫不相关，觉察后发现可能是被外界的系统情绪影响了。你的焦虑可能是老公的焦虑，你的愤怒可能是孩子的愤怒，听过"踢猫效应"的人就知道这是一种情绪的传染，是被系统里其他人的情绪感染了。应对方法很简单，也很有效，只要将情绪交还给对方就好了，告诉自己："这是老公的焦虑，不是我的焦虑，我把它交还给老公。"先划清界限，让自己保持冷静，想办法陪伴和支持对方，协助对方平静下来。作为父母，我们有责任尽量让自己在家里保持轻松愉快的情绪状态，因为情绪随时会影响脆弱的孩子，乐观的父母"原件"会熏陶出健康的"复印件"孩子来。

情绪是邮递员，它告诉我们一些信息，当我们觉察到了，它就会离开。在学心理学知识前，我比较心软，又容易情绪化，对有情绪的孩子容易束手无策；学习相关知识后，我经常觉察情绪的类别，区别应对，我的同情心再也不会被利用了。既能在自己有需求时得到支持，也能在别人需要时帮助对方，生活质量自然更好了。

关于整体、序位和平衡

我觉得家庭系统排列里面会影响命运的神秘力量，就是整体、序位和平衡法则。它影响着生命的诞生及彼此的互动，是一个隐藏的规律。导师能够从错综复杂的个案现场迅速抽丝剥茧，理清头绪，找到问题的根源，解除系统的纠缠，用的就是这个法则。

整体是指在一个家族系统里面，每个个体都要被尊重、被看见。家庭有基本的结构，比如说爸爸、妈妈、孩子、爷爷、奶奶，每个人都在自己的位置上担负自己的责任，扮演自己的角色，提供自己的能量，让整个家庭和谐有序。爸爸提供力量，承担责任，孩子与爸爸的关系和谐了，将来就能够非常好地处理跟领导等权威人物的关系，保持适当的敬畏之心，又能够相信自己、展示自己；妈妈温润如水，在家庭里面承担滋养的作用，孩子与妈妈的关系良好，能够很好地爱别人，也被别人爱，有强大的爱的联结能力。

个案经常呈现如下情景：在现实生活中，爸爸由于过世或者与妈妈的关系不好，没有承担起爸爸的责任的时候，姐姐可能就会在家庭里面去补爸爸的位置，做妈妈的心灵伴侣，去承担父亲应尽的责任。往往这样的女孩子就会变成"女汉子"，延伸到未来自己的家庭关系里面，这样的"女汉子"往往也在家庭里面扮演负责任、坚强勇敢、过度付出的角色，女性特质无法展现，在一定程度上会造成夫妻关系的困扰。丈夫会觉得自己娶的不是一个女人,好像是娶了一个兄弟,而"女汉子"也会觉得自己得不到丈夫的宠爱,感到非常困扰,这种现象非常普遍。因此,女性要觉察,在家庭里面要回归女主人的身份,该承担的承担,该放手的放手,让自己的女性特质充分展现出来。

序位是指谁先谁后,先来为大。我们在生活中要尊重序位,兄弟姐妹中先出生的是老大,后出生的是老小,就算弟弟或者妹妹的能力比哥哥姐姐强,但还是永远要尊重哥哥姐姐,尊重他们作为老大的序位。就算爸爸妈妈的能力不如儿女强,子女也永远要尊重爸爸妈妈,相信他们有能力照顾自己,永远保持尊重父母的心态,而不要爬到爸爸妈妈头上去做主,指手画脚,居高临下,否则会难以感受到自己作为孩子被宠爱的感觉,同时会莫名地觉得自己孤单无助、压力巨大。在个案现场,各归其位后场域系统会出现和谐的局面,生活中也是如此。

平衡是指什么?在现实生活中,平衡无处不在。一段长久的夫妻关系或者恋人关系需要一方付出,另外一方在得到的同时回馈付出,这样付出和得到才能保持长久的平衡,**任何单方面付出的关系最终都会因为失衡而破裂**。

朋友关系也是这样,朋友为我们付出,我们要加以回报;别人送礼给我们,我们会回礼给对方来保持平衡。

除以上几点外,家庭系统排列里面还有良知、三个子人格、盲目的爱和觉悟的爱等等知识,可以帮助我们处理自我身心、家庭问题,对于职场工作、人际关系和企业组织方面的问题也都适用。我们要尊重生命的法则,为生活添光增彩,让生命充满意义。欢迎有兴趣的读者一起交流探讨。

系统整合

人生值得，今生无悔

■ 李玉

六神个案工作坊授权导师

NLP 执行师

突破式沟通课程讲师

幸福家庭种子师资公益高级讲师

从事幼儿教育 30 年

累计服务 500 个家庭，举行讲座 100 场次

记得我第一次接触系统和排列，是在一个系统排列工作坊，案主选择现场学员分别代表内在的自己、情绪、有关系的人物，然后案主代表进入场域中，马上能够出现不同的情绪反应和不同的站位排列等，我当时就感觉很神奇，更让我不解的是导师能根据现场情况精准地解读案主的困惑和问题，并让案主自己看见。看着案主泪流满面后豁然开朗，我被激起了强烈的求知欲，想要去了解系统和排列到底是怎么回事，并想解开其中的奥秘。

进入系统与排列课堂后，我才发现排列就是一种呈现，是让来访者可以直观地看见自己的问题，重新认识自己，发现真实的自己。问题又来了，用什么样的方法可以层层剥开问题，找到解决方案呢？

我们从了解自己开始，原来我们每个人都有内世界和外世界，内世界里有内在小孩、内在父母、内在男人、内在女人（四个子人格）。在我们想做坏事时，有个声音对我们讲道理，这就是我们的内在父母，随时教育我们要好好做人，但太喜欢讲道理，会让我们感觉受到了约束。同时，我们有可爱的内在小孩，调皮捣蛋，做事情不想负责任，喜欢哭闹，动不动闹情绪。有时候，甚至回到了婴儿状态,要求别人无条件地照顾自己。有时候处于青春期,对谁都有挑战性。作为女人,我们内在也有男人的一面,做事情有力量,能像男人一样做好工作,但在伴侣面前,我们要回归女人身份。这点让我深有感触,内在男人表现得太突出了,会让伴侣很不舒服,想一想,无论哪一个男人都不愿意与一位像男人一样的太太生活在一起。内在女人就是女性的一些特质,如温柔、有母爱、需要得到保护等。**这四个内在没有好或不好,在什么状态或系统里,我们就回到对应的某个内在就好了,** 比如在课堂上,调动自己内在小孩对学习的感觉,有动力,也有兴趣,有强烈的意愿想要弄明白。我们每个人的内世界都是自我与内在小孩、内在父母、内在女人、内在男人的结合体,自己在什么系统里,就应该是什么身份。我们发现自己遇到问题,往往是因为在不同的系统里,没有正确地切换自己的身份,比如,有时候在先生面前,内在男人表现得太突出了;有时候在职场,内在小孩出来了,不想承担责任,想逃跑;有时候在父母面前,扮演他们的父母……所以问题就出现了。同时,我们要学会平衡自己的内在关系。有时我也会强烈自责,觉得自己不够好,徐珂老师教给我们的一招"甩锅法"非常好用!比如让自己回到内在小孩状态,对自己说:"我觉察了一下,我没有问题,那都是你的问题!"不要老是自责或认为自己状态不好,当走出困扰自己的状态后,我们可以找到解决问题的方法,而不是花大力气与自己较劲。还有,当我们内心一直有个声音说自己状态不好时,也可以对自己说:"闭嘴!我做得够好了!我可以……,你可以吗?"当说完这些之后，感觉太爽了！不相信的话，你也可以试试。正如徐珂老师说的："外面没有别人，只有自己！"通过在课堂的学习，我觉察到自己需要去整合内在世界，看到和满足内在小孩的需求，而不是一味地向外求。身心健康的人，会让自己的内在小孩、内在父母、内在女人和内在男人这四个子人格各居其位，灵活地与外部世界和谐互动；同时又能满足自我作为独立个体的各种人性需求。每个人的现实生存环境都不是完美的，都存在这样或那样的缺憾，于是为了生存下去，四个子人格的力量往往是不均衡的。如果缺什么补什么，可能导致四个子人格严重错位，满足了外部世界的需要，却顾此失彼，无法满足自我需要。

现在让我们走出内世界，去外世界看看。**外世界很精彩，包括家庭、职场、社会，其中家庭包括原生家庭和现在家庭**。我们都有父母，这是对外关系中的基础关系。如何处理与父母的关系是一个大课题，很多人不会平衡原生家庭与现在家庭的关系。我们把生命延续下去，光宗耀祖，把自己的生活经营好，就是对父母恩情最好的回报。我们无法选择谁来做自己的父母，接受父母首先是在生命层面，我们获得生命就是父母所赐予的最大的恩德。对于生活层面的父母的行为或者态度，我们也许有不接纳的地方，但我们要尊重父母与我们的不同，而不是试图用我们的想法去改变他们。我就犯过这样的错误，想要调和父母之间的关系，最后发现我做了父母的父母。当家庭序位不对时，问题就来了。父母有他们处理问题的方式，我们只要接纳，回到孩子的位置上就好。作为孩子,一定要离开父母,这是家庭系统法则。**因为只有这样,生命才能传承下去,带着父母的爱和支持,坚定地前行**。即使心里挂念着父母,也要面向前方,坚定地向前走。父母处理好自己的关系,孩子才能安于做孩子,而不用分心照顾父母,停止前进的脚步。让孩子做孩子,接受他最终会与父母分离的事实,让孩子能够轻松走向未来,把生命传承下去。当孩子出生时,母亲使尽力气,不管自己多痛,也要把孩子推出去,让孩子可以活下来。孩子的成长过程就是离开父母、独自照顾自己的过程,父母看着孩子的背影,各自照顾好自己。我的女儿刚上大学那会儿,我看着她进入校门后的背影渐行渐远,真心不舍。我总希望她早请示、晚汇报,女儿却忙得没有时间顾及我的感受。当时我正好参加了徐珂老师的系统排列课程,通过排列所呈现的是女儿大踏步地向前走,走得很轻松,她去探究自己的世界了。我能感受到我愿意她走,心里突然轻松了很多,所有担心和焦虑都消除了。抚养子女的目的是让孩子走向世界,从容淡定地与父母分离。父母看着孩子自信坚定的渐渐远去的背影,心有不舍,却又带着欣慰。

排列助力生活呈现,它是一种帮助我们把内世界外显出来的方法,并帮我们发现外世界与内世界的关系,觉察自己所处的系统和身份,找到问题与卡点。让我们在现有的资源的基础上,去满足自我和在外部世界中找到相对的平衡,呐喊"人间值得,今生无悔"吧!

让我们在现有的资源的基础上，去满足自我和在外部世界中找到相对的平衡，呐喊"人间值得，今生无悔"吧！

系统整合

代际遗传之殇

■ 立云

NLP 执行师

DISC 授权讲师

青少年心理健康辅导员

提供家庭教育咨询服务，累计服务 200 多个青少年及其家庭中华儿女有着共同的祖先,我们有着一样的黄皮肤、黑头发、黑眼睛。在这几个大的共同特征之下,每个家族会有特定的家族成员才有的特征。小女孩有和祖母一样的丹凤眼,也可能有和祖父一样的宽脸;小男孩遗传到了父亲的高鼻梁,也可能有和母亲一样好听的嗓音。我们在中学就学过这是编码 DNA 在传递像发色、眼睛颜色、皮肤颜色这些生理特征。随着科学研究的不断深入,科学家们发现编码 DNA 只占总 DNA 的百分之一左右,剩下的百分之九十九左右的非编码 DNA 负责情绪、行为和人格这些遗传特征。非编码 DNA 会受到有毒物质、营养和紧张情绪等因素的影响,受到影响的 DNA 会将信息传递下去,研究成瘾性的精神病学家戴维·萨克博士谈道:"父母的创伤会影响孩子,同时孩子的行为、情绪问题也会与父母相似。"科学家们认为关于遗传学的研究最终会发现大量的证据来证明代际传承真的存在。

在家庭系统整合中,大量的个案也在告诉我们,家族或家庭中某些成员(一般是家族里弱势的人)通过盲目的爱来表达对家族的忠诚,盲目的爱没有界限,他们将注意力放在过去,常常用一种自我摧毁的方式来表达。**解决之道就是将盲目的爱转化为觉醒的**

爱，不要以牺牲自己的方式来换取爱，而要活出真实的自己、精彩的自己。

小莲是四个孩子的妈妈，她漂亮、独立、自强，老公生意做得很好。在老公的带领下，生活蒸蒸日上。她没有选择在家里做全职太太，她有自己的小生意，顾客们都喜欢和小莲打交道。她只需要上午在孩子们都去上学了的时候去上半天班，中午及以后的时间都在家里。几个孩子都是她亲手带大的，大的两个女儿学习好，两个双胞胎儿子上幼儿园，调皮、可爱。要不是14岁的二女儿最近闹着不上学，小莲对自己的生活是相当满意的。

小莲找到我做心理咨询的时候，二女儿闹着不上学已经有半年时间了，她想让女儿来做咨询，我给出的建议是孩子和小莲要一起来。

小莲母女俩一起来到咨询室，看上去母女俩感情很好，女儿跟在妈妈后面。入座后，我与她们母女进行了简短的交谈，我发现小莲讲得多，女儿坐在旁边低着头，对于妈妈的话，她点头表示同意，她像警觉的小鹿，敏感、不安全。我请小莲到另外一个房间坐下，我和她女儿单独谈谈。

小莲走后，她女儿变得健谈，而且明显感觉到她在配合我讲话，我明白这是孩子的自我保护本能，还没有对我产生信任。她对我讲，我是她看的第四个心理咨询师了，前一天才去看过神经内科医生，医生开了治抑郁症的药给她吃。十四岁的孩子，处于青春期,敏感,对靠近自己的人产生强烈的防御心理是很正常的。我邀请她在纸上画房树人(通过绘画来评估人格与心理),她边画边说,学校里的老师也叫她画过,她还一边画一边问我一些关于画的意象的问题,她是一个学习力非常强又聪明灵动的小女孩。通过她画的画,我解读出来她是一个向往自由、聪慧、爱家、与朋友不轻易交心且安全感不足的人。在前几年,她被小伙伴的流言蜚语伤害过。解读完后,她放下防御,开始跟我讲起她在家和在学校的感受。

在学校,她和同学们打成一片,看上去有很多朋友。在老师面前,她也假装努力学习,配合老师。可她内心感觉非常累,因为前几年被最好的朋友出卖。她虽然看上去朋友很多,但没有一个真心朋友,害怕跟朋友们讲心里话,每天戴着微笑的面具生活,所以她不想上学。在家里,她一玩电子产品,妈妈情绪就不稳定。由于害怕妈妈情绪爆发,她要小心翼翼地照顾妈妈的情绪,她感觉爸爸妈妈和弟弟们才是一家人,她不属于这个家。这也是她不想上学的原因。她的主要感受是害怕,觉得这个家不属于她,所以不想上学。

小莲和老公都在为家庭付出,给孩子们优越的物质条件,看得出她非常爱女儿,有可能她二女儿的感受是这个家庭的创伤导致的,而不是她二女儿自己的真实感受。接下来和小莲的沟通验证了我的猜测。小莲有个哥哥和妹妹,小莲的爸爸妈妈在她9岁的时候离了婚,哥哥和她跟着爸爸生活,妹妹跟着妈妈生活。虽然住在农村,但是爸爸有手艺,她和哥哥的成绩也都不错,一家三口安稳度日。小莲14岁那年,她的爸爸突然得了重病,进了医院。当时小莲害怕极了,加上需要高额的医药费,家里借了不少的外债。后来,虽然爸爸的病好了,从医院回到家,但是他不能再做繁重的体力活了。可是生活需要继续,就得有人出去挣钱养家。小莲成绩比哥哥好,非常想读书,但是一向重男轻女的爸爸叫小莲去打工养活家人,让哥哥继续读书。她想向父亲说出想读书的念头,可是一看到爸爸在床上病恹恹的样子,她就没有勇气讲出来。

小莲决定不读书的那个晚上,她一个人在空地里号啕大哭。那一夜,她的感受是害怕失去爸爸,觉得这个家不属于她了。小莲出去打工,凭着聪明肯干闯出来了,后来碰到她的老公,生活过得不错。辍学打工这件事成了小莲心头永远的痛,她努力给孩子们创造优越的生活条件,对他们的学习十分重视。大女儿中考成绩名列前茅是她请家教、督促女儿学习的成果,她引以为傲。可是用相同的方法养育二女儿,她发现行不通了,二女儿要玩手机,不想读书了。

这不是二女儿的错,这只是因为爱母亲的二女儿从母亲那里承袭了母亲藏在心里不肯表达出来的伤痛。**母亲不肯表达阻碍了母亲向孩子传递爱,让孩子置身于悲伤的海洋中**。如果小莲能够正视辍学这个创伤事件所带来的伤害,正视自己感受到的害怕,可能整个家庭会有完全不一样的局面,她的二女儿可能不会把母亲的心理负担压在自己身上。

咨询并不如我设想中的那样顺利,小莲给我描述她辍学的事时理智而平静,像是在讲别人的故事。她的父亲现在还健康地活着,她的哥哥和妹妹生活条件没有她好,辍学事件也过去了。因为当时太痛了,她不愿回想当时的情景。她在生活中已经习惯用厚厚的壳把自己的伤痛包裹起来,她认为用这样的方式能够保护自己还有孩子,**可实际上,忽视痛苦只会让痛苦更深**。

一个月后,小莲的二女儿还是不肯上学。小莲再次走进咨询室,我给她做了内在小孩的疗愈,让她看到那个因为家庭原因而不得不辍学的小小莲,感受到她的无助、害怕。这时,她身体颤抖着,右手捂着胸口,眼泪像珠子一样滚落,她大口地呼着气,我让她对内在小孩说:"这一切都不是你的错,你只是一个小孩子,你不必承担家庭的重担。不能读书让你感到很伤心,你是一个好孩子。我可以一直陪着你、拥抱你,直到你觉得可以了。"与内在小孩进行了这样的对话后,小莲慢慢平静了下来。当她呼气时,肩膀放松了,她的眼睛变得明亮,一直在她内心深处积压的东西终于被搬开了。

在后面的回访中,小莲说二女儿暂时还不想上学,但也不像之前那样情绪崩溃。小莲想到自己没读完初中就出来打工,现在生活也不错,所以允许二女儿有她自己的想法。当允许一切发生的时候,变化就出现了。三个月后,小莲的二女儿回到了学校。

在做关于青少年厌学、人际关系等的咨询中,我们首先建议进行家庭治疗,父母也要参与进来,因为有一部分是青少年自身的问题,但是绝大部分是家庭里有创伤事件。当父母勇于面对并处理好家庭创伤事件,孩子就可以不必背负家庭的包袱,也就拥有更强大的力量。

当父母勇于面对并处理好家庭创伤事件，孩子就可以不必背负家庭的包袱，也就拥有更强大的力量。

第三章
发生蜕变

系统整合

你有资格活得精彩

■ 孟海燕

心理咨询师

高级婚恋情感导师

NLP 执行师

2019年,我去广东参加为期三天的亲密关系课堂学习,第一次接触了家庭系统排列。我在个案中做了一次代表,体验时发现案主与妈妈的关系出现问题,在系统排列中看到背后的真相,最后达成圆满的结果,让我非常震撼。后来,在学习家庭系统排列的时候,我才知道那一次神奇之旅是"盲排",也正因那次体验,我与系统排列结缘,在国内跟几位系统排列导师学习,并在我的工作坊中践行。**这个成长的过程让我收获很大,我学会了在生活中用不同的视角去看待身边发生的事情,去面对与接受一切人、事、物的存在。**

在这里,我想分享我自己在排列中得到的解决问题的思路。如果用一句话来形容我在排列中的感受,那就是每一次做排列后,都会出现一次由内到外的蜕变,获得更加轻松自在的身心状态,整个人活得很通透。

成功是我们每个人奋斗与努力的目标,对我而言也是这样。我是一个有计划、有目标的人,在身边任何人的眼中,我都足够认真、负责与努力,所以别人都会说,我一定会成功。然而,近二十年的忙忙碌碌并未让我获得我想要的那种真正的成功。曾经,我一直把我的不成功归结于我的时运未到,我懂得不够多,我还不够努力,我还需要大量的学习和锻炼。**我什么时候可以成功？我从来没问过自己这个问题。**

2022年底,我去上一位老师的排列课。我本来是带着议题去的,到了上课的第二天,我中午与老师的助理共餐,在一起聊天,我们很自然地聊起2023年的计划。我们面对面坐着,她突然问我一句话:"我们的老师一直都如此支持你、看好你,你怎么不去做老师跟你说的这个事？你真的可以做到的。"我继续吃着饭,不以为然地回答:"我不行,这个我还做不了。有很多原因,我说不出来,但我就是觉得还不到时候。"她说:"你在我们老师心目中非常具备这种实力。你看我们其他学员都愿意靠近你,都觉得你的能力很强,大家一致信任你,但你自己一直在否定自己,你发现了吗？"

我抬头看她,脑海中突然冒出来了很多以往的画面,确实是这样的。

当有人要帮助我、支持我去做一件事时,我会拒绝道:"不要不要,我肯定不行。"

当有人给我送东西,对我特别关照时,我心里会过意不去,一直想着如何去回报。

当有人给我金钱支持时,我会内心不安,不可思议地反复问人家,为何这么帮我？

我瞬间像是领悟到了什么,脱口而出:"我不敢成功！我不配成功！我也不配拥有！"

助教老师笑着说:"接下来你想怎么办？要不要解决？"

我被点醒了,找到了我的真议题。其实作为咨询师的我,已经通过其他疗愈技术解决了好多关于资格感、配得感的困扰,这次在系统排列课上,系统能量让我获得了更大的启发。我们都说心到念到,自然就会得到。很幸运,当天下午,我被选作案主,我心怀感恩,感恩一切。

不知道你有没有和我一样的困扰？如果有,愿接下来的内容对你会有所帮助;如果没有,愿你对人生与成功有关的卡点多一点新的认识。

在咨询导师的引导下,我一层层探索,在内心看到了我的父亲、母亲,让我非常震撼的是我还看到了从未见过面的爷爷。这是我第一次在排列中如此清晰地联结到我爷爷。我的父亲16岁时,爷爷过世了,所以我从未见过爷爷。咨询导师问爷爷的代表想说什么,爷爷的代表说:"我无力,我不配得到,不配拥有。"咨询导师问父亲的代表有什么感受,父亲的代表说:"我的父亲离开了,我只想躺着,感到无力。"我当时看着爷爷和父亲的代表躺在地上,内心涌现出深深的无力感。

在咨询导师的引领下,我的太爷爷代表上场后,直接在我的身后支持我,我的母亲也在我身后支持我,可是我感受不到这些支持,只想让爷爷站起来,即使爷爷的代表一直说:"这是我的人生。"我坚定地坐在爷爷身边,不愿看身后的那些人,我只想爷爷给我力量。

咨询导师带我打破我的执念。

我的代表对爷爷说："你无力，你的儿子也无力，所以你的孙女也无力。"

爷爷的代表说："能够把儿子养活就够了。我的人生是我的，与你们无关。"

经过这段处理，我理解了爷爷的心声，我又看着我的父亲，哭喊着："你一直不负责任，从小到大一直不管我、不问我。"我对我的父亲有怨恨。

我的父亲代表说：**"不是不管，而是一直相信你，相信你一定会比我过得好，你有能力照顾好自己**。"

我的母亲代表说："无论在哪，我都是相信你的。"

我自己的代表也说："实际上，你自己就足够厉害了。"

……

整个过程耗费了 1.5 小时，我全身暖流涌动，充满力量，我喊出来："我可以成功，我要成功，我要什么就会拥有什么。"在体验与感受中，我收到了父母对我的爱。正好要给我分配任务的老师也在场，我当即接受了老师的邀请，我要去做，我值得拥有一切。结果很好，我顺利实现我的所有目标，交了一份完美的答卷。

这次排列仿佛打通了我的脉络，让我深刻悟到了原来是盲目的爱、内心的执念阻碍了我。

老师告诉我："我们每个人身后都有自己的家族系统，我们每个人都被自己的家族系统照顾与支持。"真的是这样。哪怕我的爷爷无力,那也是他的人生经历,不影响他把生命传承下来,养活我的父亲并且将生命传承给我,我只需要感受到这份生命的力量和爱就足矣。我一直以为我的父亲从小不管我,实行不管不问、放养式的教育是对我不负责任。实际上,他一直足够相信我,我犯错也好,做得对也罢,在他看来,这都是可以接受的。他有一颗十分支持我的心,无论如何,都接受我,这是多么深沉的爱。

我学会把这些人生经历当作我的资源,比如我的爷爷没有力量去活好,没有资格去拥有,我可以带着他给我的生命之爱去活出跟他们不一样的样子,我可以去拥有。比如我的妈妈很早就离开了,我用活得更成功的方式来表明我的思念之情。**总之,他们让我悟到了活着是如此的珍贵,生命的力量和爱是如此伟大。**

曾经有一位排列导师对我说过一句话:"一个人的天赋和一个人的创伤有时候是在一起的。"在我们的成长过程中,看似有好多好多的创伤,有的人可能会一直沉浸在自己的创伤中。实际上,有时候创伤的背后就是天赋,所以说有些创伤不一定就要去疗愈,通过看见创伤去挖掘天赋,这也是一种让我们的人生变得更好的方式。

分享到这里,我想把我的祝福送给你们。从过去跌跌撞撞走到今天,我们依然活得呼吸顺畅,就证明我们有资格活得更好,有资格获得成功。**如果你憋得难受,不妨去做一次系统排列,打通自己的通道。**

从过去跌跌撞撞走到今天，我们依然活得呼吸顺畅，就证明我们有资格活得更好，有资格获得成功。

系统整合

用两个个案,帮你找到答案

■ 莫立霞

书法老师

讲墨书院创始人

"42天珂轻松减重训练营"版权课授权导师

个案一

案主：我这两天总是习惯于刻意压制自己的兴奋状态，怎么办？比如，我开的机构的学生比竞争对手的多几倍，自己一个人的时候想想就开心，但是会马上压制并告诉自己，好坏都只是人生体验而已。

老师：刻意压制自己的兴奋状态，有什么好处？你在担心什么？这不挺好的吗？

案主：避免竞争对手妒忌。我怕人家失落，不想招人嫉妒，想维系好的关系；也怕乐极生悲。

旁听者：我的想法和案主一样。

案主：这是资格感不够吗？这算不算压抑自己？

老师：案主，你想要什么？

案主：我刚想了一下，目前有几家机构的生源不好，想关门，我还是想大家生源都好，这样才有人气。

老师：如何让自己在越变越好的过程当中去利他,同时不伤害自己？

案主：不知道,我想想。

老师：让自己在越变越好的过程当中去利他,同时不伤害自己,这是你想要的吗？

案主：是的,但是不知道如何做。

老师：想要获得这个结果,做什么事情是最重要的？能不能先为最重要的事做点什么？

案主：先让自己越来越好？

老师：我不知道,但一定可以先去做什么事情,然后影响其他的要素,对吧？

案主：嗯,我来想想。

老师：有风险意识、不走极端是一个特别好的习惯。

案主：不走极端,这个习惯我要慢慢培养。

老师：有相当一部分人在自己做得足够好了之后,会去别人面前炫耀、沾沾自喜,这确实会引来很多人的嫉妒,然后有一些不太好的事情发生。**可是案主你是一个很善良的人,我感觉得到,因为你告诉我,你希望别人也越来越好。**当你觉得自己做得特别好、特别开心的时候,你突然觉得自己要收住,因为你担心别人觉得你很好,而自己不够好,会嫉妒你。

我觉得你有这种想法是特别好的。这件事情最简单的解决办法就是通过你的一些行为让别人知道你是真心为别人好，同时将自己表现特别好的快乐分享给别人。

你为什么会在你特别开心的时候突然收住呢？是因为你的潜意识困惑了，不知道这样的行为会不会让大家对你产生嫉妒心理。你用心去想自己用什么样的方式能够激发别人的向善心，让别人对自己的未来充满憧憬。

案主：把自己的快乐传递给别人，真心分享。

老师：当然这也可能不对。实际上，你觉得开心，别人不一定会嫉妒你，也许别人会由衷地为你开心。

只要我们真的是为了让自己更好、让他人更好，这种初衷，我觉得别人一定会明白。

案主：老师，我知道了，初衷最重要。

老师：昨晚，我做了一个个案，案主一直在描述他遇到了什么情况，我不断地打断他，告诉他要往其他方面看。最后，我问了他一个问题："我们都知道打断别人讲话是很不礼貌的行为，刚才在我打断你的过程当中，你有没有感觉到我对你的不尊重？"他说没有，因为我的初衷是全然为他好的，我不想让他受制于那个死循环的思维模式，于是我打断他，让他看到现在和未来都很好。

案主：谢谢老师，我清楚了。

个案二

案主孩子成绩不好,平时和老师沟通不顺畅。比如,老师在班级群里公布孩子们的表现情况或成绩,我觉得应该第一时间找老师深入沟通,但是因为孩子成绩不好,所以我要么不沟通,找孩子聊;要么勉强自己跟老师沟通,心有不安,无法解决问题。我想知道如何和老师心平气和地沟通,讨论孩子在学校的表现,以更好地配合老师。

老师:谢谢你对我的信任,让我们一起来探索。

你说你想要和老师心平气和地沟通,讨论孩子在学校的表现,可是现在面对老师时,心有不安,你为什么不安?

案主:因为担心老师对孩子有偏见。

老师:这是事实吗?老师的什么行为或者老师说过什么话,给你这种感觉?

案主:不是,是我自己想的。

老师:你在担心可能并不存在的东西,对吗?如果继续这样发展下去,会怎么样?

案主:继续下去会怎么样?我还没有想过。

老师:让我们找一个安全的环境,我和你做一次潜意识沟通,缓解你的不安,现在可以吗?

案主:好的,可以。

老师:请听我的指令。

闭上眼睛,想象孩子的老师站在你面前。你邀请老师道:"请您一起来做一个练习,以更好地帮助我的孩子。"你会看到老师点头答应,然后你继续说:"我对您有恐惧心理,这种恐惧不来自于您,可能来自我的父母或者其他人,但我将它投射到了您身上。现在,我想消除它。"你想象有一些东西从老师背后飞出来,你一个接一个地消除,直到你感觉轻松为止。然后想象用一个保险柜将这些东西锁住,跟它们说:"我现在还不知道怎么和你们相处,先存放在这里。等我有能力时,我会主动来找你们……"好,你做做试试。

案主:刚闭上眼睛,从我的左手边的树林里出来六七个人,感觉是当兵的,他们很严肃,但是没有攻击性。我邀请他们一起做练习,他们马上呈现害羞的样子,感觉像一个个大孩子,就像孩子面对老师一样。**我在潜意识里感觉到他们好像害怕我,担心自己表现不好**。

老师:好有意思的画面。

案主:是的呢,孩子的老师们都很小,只有二十岁出头。

老师:在这个过程中,你感觉到了什么?

案主:感觉我和他们近距离接触一下,关系马上变好了,完全不是我之前想的那样。以前,我一直是拒绝接触老师的。

老师:那就太好了!我觉察到你的一个心智模式非常好。

案主：是待人处事的模式吗？

老师：是的。它有两个发展方向：正向发展，叫作小心、谨慎；负向发展，叫作保守。

你会看到别人很多时候看不到的风险，你会想到别人很多时候想不到的地方。和你共处，是很舒服的。只不过，我有一些担心，就是你有些时候太小心，容易让自己很累。

案主：我对人说话很小心，尽量避免起冲突，这算不算负向发展？

老师：**凡事都有两面性，关键在于你能不能用好这个模式，让你人生的每一步都走得特别稳妥。**

首先，从爱自己开始。爱自己，不是一句空话，它是指顺着自己的感觉走。哪些事情让你不舒服，请勇敢地拒绝去做，因为在这个世界上，自己最重要。

你有资格真实地表达自己的需求，别人并不会因为你真实地表达需求而远离你，相反，他们会认为你是一个真诚的人，越来越多与你一样真诚的人会来靠近你。你的天赋和真诚让你成为人生赢家。

以上是两个我参与的个案。尊重系统，你会得到属于你的答案。

你有资格真实地表达自己的需求，别人并不会因为你真实地表达需求而远离你，相反，他们会认为你是一个真诚的人，越来越多与你一样真诚的人会来靠近你。

系统整合

因为自洽,所以从容

■ 王爱华

在体制内工作三十年,金融行业退休高管

人力资源管理师

NLP 执行师

DISC 授权讲师

你会做父母吗？你爱你的孩子吗？你知道爱也会有毒吗？一个母亲的爱如何从盲目走向觉悟，或许我的经历会给你一些启发。

2018年是我最焦虑的一年。原本按部就班、平顺的生活遇到严重的挑战，上高三的女儿在高考之前的关键时刻不愿去上学了，先是被发现晚自习逃学，后来不出家门，在家躺平。她的这一系列行为，带给我深深的恐惧。**我们想当然迅速地给她贴上了"青春期叛逆"的标签，当时我们完全不知道该怎么处理**。

女儿从小到大乖顺省心，身体好，学习好，智商高，情商高。没怎么补课，她就轻松以高分考进我们当地的重点高中。在我的预想中，她会考上国内一流大学，顺利地就业并取得不错的工作成绩。

但是，事情的发展一步一步远离了我的预想，女儿确诊患了抑郁症，这迫使我主动寻找问题的答案。最开始，我走进"智慧父母课堂"，老师问我来学习的目的是什么，我说想学一个方法，回去用在女儿身上，让她听话照做，但老师让我先处理好自己的问题。这是什么意思？女儿不上学，难道是因为我吗？我踏实做人，努力工作,不应该是她很好的榜样吗？我只有这一个孩子,给她创造了最好的学习条件,给了她全部的爱,这还不够吗？我们夫妻和睦,家庭美满,从来没有吵吵闹闹、让女儿不安,我做错了什么？**我带着问号,踏上了探索自己与学习成长之路。**

通过学习,我意识到要先弄明白原生家庭对我的影响。我出生在一个五口之家,家中有爸爸妈妈、两个哥哥和我。爸爸在外地工作,妈妈是一个出色的裁缝,十里八乡就我们家有缝纫机,所以,妈妈花了很多时间给周围的人做衣服。妈妈一边做衣服,一边自己带孩子,太累了,但爸爸妈妈很想要一个女儿,所以就有了我。从小到大,爸爸妈妈和两个哥哥都很宠我,那时,物资匮乏,平时最常见的好东西就是鸡蛋。妈妈每次都煮两个鸡蛋,我一个,两个哥哥平分一个。记忆中,上小学以前,我是趴在妈妈的后背上长大的。不管带我去哪里,我如果不想走路了,都是妈妈背起我。开心的时候,我在妈妈后背上笑;受委屈的时候,我在妈妈后背上哭;困了,我在妈妈后背上睡。其实那个时候,妈妈身体不好,本来身材又瘦又小,不知她哪来的力气天天这样背着我。到我上小学时,有一次我不想走路,故伎重施,说:"妈妈,蹲下,蹲下。"妈妈笑眯眯地装作不明白,说:"干什么呀？"边说边蹲下来,我哈哈大笑地趴在她的背上,妈妈吃力地站起来,这时邻居走过来,笑着说:"大姑娘喽,比你妈妈都高了,不能再让你妈妈背着了。"小小的我觉得不好意思,红着脸从妈妈后背上往下滑,妈妈用双手抓住我,不让我下来,打趣说："背着吧，背着吧。"她对我的宠爱是没有边界的。但从那以后，我再没让妈妈背过。爸爸每次休假回家都会带好吃的，如高粱饴、大虾酥、白糖、橘子、香蕉……带给我们兄妹仨无限的快乐。爸爸妈妈和两个哥哥从来没有打过我，也很少训我，我们三个孩子从来不吵吵闹闹，我们一直是爸爸妈妈的骄傲。没有一段关系是完美的。由于妈妈的注意力几乎全在我身上，所以她对我的控制欲很强，不允许我做她认为不好的事情。这种控制欲由我代际传递到了我女儿身上。

这导致了我最大的人生卡点——限制性信念。我对完美人生的定义就是高学历、在稳定的体制内工作、有美满的生活。我在求学和工作的时候一路坎坷，我没有一个好的学历，在我就业的二十世纪九十年代初期，又赶上了国有企业改革，企业一夜之间破产，我失业后辗转再就业，尝尽了艰辛。这些是我生命中重要的节点。一直以来，我觉得是因为我没有一个好的学历，才造成了艰难的现状。这些限制性的信念影响了我对孩子的教育方式，我不希望她像我一样遭受这些磨难。我要求她争当三好学生，各科成绩都要优异，把优秀当习惯。我给她在校外报了英语、舞蹈、钢琴、主持、书法等培训班，把孩子压得喘不过气，给她带来了很大的学习创伤。女儿一直是学霸型的孩子，我认为她只要好好学习就能考个一流大学，考上个好大学就能找个好工作，有个好工作就会找个好老公……，人生就要这样一步一个脚印踏实地走，任何一步都不能错，只有这样才会幸福，所以，我当时所有的精力都在她的学业上。我预设了孩子的成长之路，从来没有和她认真探讨她的未来，从来没有认真去倾听她的内心想法，从来没有想过忙忙碌碌的她在想什么？她真的快乐吗？她愿意按照我的预设去做吗？而我的丈夫与我家庭氛围相似，价值观相同。我们的小家庭很和睦，我与丈夫高度认同彼此的观点，使我更加确定这套标准绝对正确。每当女儿提出不同意见时，我们总是想当然地驳回。

随着我不断学习，我终于明白了，一直以来，我只是跟着社会的主流价值观盲目地前行，随大流不一定正确。**我没有尊重她个人的发展意愿，不知道她内心真正想要的是什么，我所谓的对她的了解也只是浮于表面，没有真正倾听她的想法**。我把我的价值观强加给她，把我的喜好强加给她，理所当然地认为她就应该这样去做，就应该学习好，就应该考个好大学、找个好工作、嫁个好人、过美满的人生。

最重要的是，我除了工作，把所有的注意力都放在女儿身上，这给了孩子巨大的压力。我带着控制的爱让她感到窒息，同时我也没有了自我，为女儿而活。当她不按照我的意愿行动的时候，我不但愤怒、恐惧、焦虑，同时还有深深的委屈。

我一边学习，一边思考如何提升自己，和女儿探讨规划她的未来。女儿出国后，给我们写了一封长长的"坦白书"，告诉我们高中那段时间发生了什么。当我看到女儿写"厌倦了好学生的生活"，

"厌倦了每天像军训的生活","厌倦了填鸭式的教育"。"作文都有范式,虽然作文经常被全年级当作范文,但我很不屑,因为不能表达我的真实想法。没人管我是不是有求知欲,只要求我听话","我不想听话","我想看看真正的世界,大大的世界"。"妈妈说,考不上好大学也没关系,可以去捡垃圾"。"当我想见识世界的辽阔的时候,所有人都逼我把视野变窄","所以我觉得我的世界完蛋了",我的心碎了。我心疼女儿,心痛她所经受的痛苦,觉得自己不是一个合格的妈妈。我对女儿从小到大的控制与高压,破坏了她内在的系统动力,打破了她内在系统的平衡,让她长期以来既想蹦跶着去探索世界,又想满足我们的期望,按部就班地达成我们的心愿。她长期被这两种想法撕扯,最终抑郁。

我从前执迷于让女儿按既定剧本发展,是因为我想尽可能规避所有的"弯路",以此减少潜在的伤害。 妈妈对我是这样,我对女儿亦如此。可谁能保证她按照我的意愿行动就会一生顺遂无忧?父母能做的其实不多——培养孩子独立生活、独立思考的能力,在经济与精神上都不需要外求他人。

不断学习,不断与自己和解,不断与女儿和解,从心理上做好分离。我对女儿的爱由之前盲目的爱变成了觉悟的爱,放手让她去做自己喜欢的事情,成为她想成为的人,不再活在我的期待里。后来,女儿通过自己的努力考上了世界名校,选择了自己喜欢的三个专业,其中之一是心理学。她通过学习疗愈了自己,战胜了抑郁症。她还尝试了自己热爱的创作，拍了部电影，拿了一些奖。我也安心地过自己的生活，不再觉得必须有好学历才有底气，对于以前认为很宏大的事情，也逐渐祛魅了。**因为自洽，所以从容。世界忽然变得更大了，阳光明媚，万物可亲。**

不断学习，不断与自己和解，不断与女儿和解，从心理上做好分离。

系统整合

系统排列让我感受并传承爱

■ 王佳

ICDA 高级软装设计师

NLP 执行师

DISC 授权讲师

"女性能量工作坊""42 天珂轻松减重训练营""理解六层次个案工作坊"版权课授权导师

从2021年第一次走进徐珂老师的系统整合工作坊开始，这几年来，我深刻体会到了系统排列的魅力。通过排列，通过一个个案，我了解了系统排列的神奇与美妙之处。

通过系统排列，我看到了我家庭中的问题，同时正视问题、积极地去解决问题。我的大儿子在青春期从一个叛逆的孩子，变成了一个爱学习、有正能量、积极向上的孩子。**我发现几乎所有的亲子问题背后都是两性关系的问题，只有两性关系这片土地的养分好，才能养育出身心健康的孩子，才能收获良好的亲子关系**。当我看到了问题的根源，就去面对、去改变，我看到了我的大儿子承受了很多大人的情绪和压力，也就是做了家庭成员的"代表"。慢慢地，我开始改变，孩子也跟着改变。我们大人做好自己的事情，站好大人的位置，孩子也回到了他的位置。我发现很多以前觉得棘手的问题都不是问题了，大儿子的脸上也浮现出轻松的笑容，发脾气、摔东西、学习障碍等问题也都一一化解了。

学习系统排列理论，我最大的感触就是"行有不得，反求诸己"，每当发现问题的时候，我第一反应就是反思自己，当我好了，世界也好了。

在孩子厌学这个话题上，我有比较深的感触。大儿子有一段时间有厌学的情绪，我经常接到老师的电话，说孩子胃疼或头疼，通知我把他接回家。当我把他带到医院去检查，却又发现不了什么问题。慢慢地，我就发现他身体不适的背后是心理方面的问题。

孩子在青春期，伴随着成长压力、学业压力，如果没有用好的方法及时地去疏导，孩子就很容易出现心理问题。我逐渐意识到，孩子出现问题是因为我们家长给他的压力过大，我们把成绩看得太重要了，考得好就夸他，考得不好就责备他。当我发现孩子越来越不快乐的时候，我才明白，成绩不是一切，孩子拥有独立自主、可以照顾好自己的能力才是最重要的。于是我开始转变，看到孩子的优点时，及时地夸奖，不论是学习上的进步，还是生活上的进步，任何的优点我都及时去肯定。慢慢地，孩子就找到了自信心，激发了学习的内驱力。他从以前觉得学习是为父母而学到渐渐认识到学习是为自己而学，自觉性也变得很强。曾经，我觉得一定要把孩子培养成传统意义上的优秀的孩子，但"三百六十行，行行出状元"，成绩不代表一切，只要他有一个自己的爱好，学一个自己喜欢的技能，把它做成自己喜欢的事业，何尝不是美好的人生？我学会了要允许孩子是不完美的，他也会犯错，因为每一个错误都可以化作经验，变为人生的宝贵财富。我们要跟孩子一起成长，一起面对困难，让孩子知道妈妈是可以给他无条件的爱的，不论他学习好，还是不好；不论他优秀，还是不优秀，他都是被妈妈接纳的。我学会了发自内心地欣赏孩子，看到孩子的进步，让孩子认为自己是有价值的、有亮点的，逐渐帮助孩子去提升自信心，于是我们的亲子关系越来越融洽了，孩子的状态也越来越好。我也学会了跟孩子做朋友，遇到学习困难或者人际关系的问题，就陪他分析原因，渐渐让他体会到学习的快乐、友谊的珍贵、劳动的充实和家庭的温馨。

留守经历会给孩子带来创伤。我们家的小儿子有过几年的留守经历。当时因为一些原因，我把他放在我妈妈那里生活了几年。当把他接回身边时，我发现他胆小、怯弱和缺乏安全感，不愿意跟人亲近。当别人靠近他时，他会想逃离。与人交往时，他总会给人一种距离感，但是他又渴望去与他人建立亲密的关系。有时候，我看到他偷偷地从门边看我和他爸爸；有时候，我看到他默默地看着玩得很开心的小朋友们，但是不太敢加入。后来，我就多陪伴，给他很多爱，创造机会让爸爸、大儿子多陪他玩，多组织家庭活动，带他去参加各种活动，在他的幼儿园各种活动中去当志愿者。这时候，他很骄傲地跟同学们说："这个很厉害的志愿者是我的妈妈！"给他力量和安全感，渐渐地，他的胆量越来越大。我会经常亲他、抱他和关注他，和他一起做游戏，给他做抚触，去弥补这几年缺失的爱和陪伴。在许多传统的教育观念中，孩子是不被允许哭的，大人觉得哭是不好的行为。**当我学习了情绪没有好坏的时候，我便允许孩子去表达委屈，允许孩子哭，接受孩子的一切情绪**。通过三年多的陪伴,渐渐地,他跟家人、同学、朋友建立起了比较积极、正向、健康的联结,变得乐观、大方、活泼,也敢于表达自己的想法,安全感增强了。父母有时候因为一些现实的原因,不得不跟孩子暂时分离,但是我相信,只要心中有爱,只要我们愿意去创造新的美好记忆,那么一定可以让孩子找回安全感,找回本就存在的爱的联结。

在两性关系上,以前我看了很多关于如何经营夫妻关系的书并去运用其中的知识,但是发现效果并不好,我转变了,对方却没有转变。后来,我慢慢发现,并不是效果不好,而是我的方向和方法不对。我为伴侣做的事情,很多时候是在自我感动,并没有看到对方的需求,我付出的不是对方想要的,所以才会无效。以前,我经常试图去改变对方,后来才发现,只有对方的需求被看见了,改变才会发生。于是我试着在相处的过程中看到对方情绪和话语背后的关心与爱,解读并表达出来,并不断迭代升级这一"翻译机"技能,于是夫妻关系越来越好,同时我的丈夫学会了在两个孩子的面前树立爸爸的权威。孩子们在家庭中学会了如何跟"权威人士"相处,自然就能学会跟学校的权威人士——老师以及跟进入社会后的权威人士——领导好好相处,爸爸是孩子力量感的来源,妈妈是孩子爱的来源,爸爸和妈妈的位置站对了,孩子会更有安全感,家庭也会越来越和睦,好的关系对家庭的每一个成员来说都是滋养。

当我领悟到两性关系、亲子关系的真谛时,便收获了和谐的夫妻关

系、良好的亲子关系，渐渐成为一个享受生活和乐于经营婚姻的人。

在身体健康方面，我曾经受到湿疹困扰多年，吃了很多药，做过很多治疗，都不见好转。后来，我才知道批判、愤怒、排斥等会导致身体出现一些疾病，于是我开始调整，培养自己的钝感力，学会慢下来，学会接纳，学会放下。当我开始接纳一切时，我发现我有更多的能量去创造美好，不知不觉，湿疹就痊愈了。一旦有复发的迹象，我就把它当作一个警报，开始调整情绪和心态。

在与父母的关系中，我曾经总是觉得我的爸爸不够爱我，不够关注我，让我感觉自己很缺父爱。但是通过系统排列，通过个案中的感受，我看到了父亲其实是不善于用语言去表达爱，他默默地用行动表达了对我的关心和爱。当我看到排列的场景，我感受到父亲原本就是爱我的，于是我获得了这种爱的本源的力量。

在生活中，我发现当我能够跟母亲很好地交流与互动、信任母亲、享受母爱的时候，幸福指数就会很高。因为母亲是这个世界上第一个跟我们亲密接触的生命，我们跟母亲在互动过程中体验了什么叫作亲密无间、信任与爱。当我们和他人的人际关系很好的时候，代表我们跟母亲的关系很好，而当我们发现人际关系出现问题的时候，就要回过头来看一看和母亲的联结是不是出现了一些问题。在系统排列中，我发现了我和母亲虽然关系很好，但是存在位置不对的问题：我和母亲的位置站反了，我在母亲的位置，母亲在我的位置，所以我总会有母爱错位的感觉。当我看到这个问题并做出调整后，我回到了女儿的位置，开始享受母爱，母亲也回到了她的位置，我与母亲的关系变得更好。我的人际关系也变得很好，在与他人相处时，我不再像以前一样，像妈妈般地付出，被别人投射成妈妈，找到了我在每一段关系中的正确位置。这样，我在任何关系中都学会不内耗，也渐渐没有了以前的那种委屈感和纠结。和朋友在一起的时候，能够享受别人对我的关心与爱，也学会了信任人，用真心换真心，去感受爱的流动。因为我知道这一切源于我能够处理好跟母亲的关系，然后带着母亲对我的深深的爱去接触世界，与世界互动，感受生活中亲情、爱情、友情的美好。

杨绛先生说："**这世上所有的关系，都是相互的。你给我一颗糖，我会给你小蛋糕，你拉我看星星，我就会带你晒太阳。**"系统整合这门学问让我生活中的各种关系越来越好，让我感受到生活中的爱。在人生的长河中，我拥有了给予爱的能力，这是通往心灵富足与生命价值的桥梁。让我们珍惜生命中的每一刻，在爱中汲取力量，学会传承、延续爱。在给予中收获，在关爱中成长，让生命因爱而精彩，因给予而厚重。

在给予中收获,在关爱中成长,让生命因爱而精彩,因给予而厚重。

第四章
爱的序位

系统整合

生命真相，连根养根

■ 王秋润

心理咨询师

NLP 执行师

SRI 自我整合执行师

生命的"连根"是指遗传基因和基础条件决定了生命的基本属性和可能性,而"养根"则是指通过提供适当的生长环境和条件,帮助生命挖掘其潜在的可能性,促进其健康发展。生命的发展是一个复杂的过程,需要我们从整体的角度来考虑,而不能仅仅关注表面现象。我们应该从根源入手,为生命提供良好的生长环境和条件,从而促进其健康发展。

2023年,我在上一门心理学课程时,遇到了一件令我深思的事。一位同学向我倾诉了她的困境——她极度害怕与领导交流。工作中,她会想方设法避免与领导直接沟通。每当领导询问她工作进度时,她就会变得异常紧张。实际上,她完全有能力胜任工作,并且大多数时候都能出色地完成领导交代的任务,然而,由于对领导的恐惧所导致的汇报压力,使她的思维变得混乱,语言失去逻辑,进而逐渐丧失自信。

通过学习,我们了解到这种对领导的恐惧往往源于个体与父亲的关系。这位同学坦言,她与父亲的关系确实不太亲密。从小到大,父亲并未给予她渴望的温暖、支持和爱。尽管如此,她仍然深爱着父亲,并渴望改善与父亲的关系,因为她非常渴望知道在父亲心中，她究竟是一个什么样的人。从理性的角度，她明白所有的父母都是爱孩子的，只是他们表达爱的方式不同或者不知道该如何表达，但在内心深处，她对此产生了深深的疑惑，不禁思考这究竟是不是真的。

她选择我作为她父亲的代表，我自然接受了这一角色，这是一个重要的信任和托付。我全然地投入，放空自己，将自己完全交给那个场域，这本身就是一种深深的接纳和敞开。

当我站在她对面，那个她觉得与父亲之间比较舒服的距离，咨询师的引导使她开始与我进行深度的情感交流。在她的眼里，我看到了泪水，那是她内心深处的痛苦和渴望。尽管我听不清她具体说了什么，但我能感受到她的话语中所蕴含的情感。同时，我感觉到自己的身体发生了变化，表情变得木讷，仿佛眼前的不是自己的女儿，而是一个陌生的人。我的身体挺直，仿佛在参加一场辛苦艰难的军训，全身力气都用于站好军姿上。**这笔直的身躯，犹如对她的情感的回应，也是我无意识地试图以父亲的身份与她建立起联结。**

我的惊讶也是真实的反应。对自己站得如此之直感到惊讶，这实际上反映了我内心深处的挣扎和困惑，对她有着深深的爱和关心，但同时有一种距离感、一种陌生感，这可能是过去某些经历或情感的隔阂所造成的。

然而，正是这样的体验和感受让我有机会深入地探索父亲与女儿的关系,理解女儿的情感和需求,同时也反思自己的情感和态度,更深入地了解自己和女儿,建立更真实、更亲密的关系。

随后,我看到女儿开始向我缓缓走来。就在她迈出第一步的瞬间,我的心跳加速,无法抑制,我的头脑里涌现出无数的疑问和担忧:不要靠近我,你为什么要走向我?我不知道该如何应对你的靠近,我该说什么?我的手应该放在哪里?同时,我依然面无表情,身体也变得僵硬。在这个时刻,我感觉自己完全不知所措,无法应对眼前的情境。我的内心充满了挣扎和困惑,我不知道自己该如何面对女儿,如何与她交流。我意识到自己的反应有些过度,但这确实是我内心的真实感受。

在女儿缓缓走向我时,我看到她脸上的泪水,那种真挚的情感触动了我。我本想抬起手臂安慰她,却发现双臂如同铅一般沉重,无法听从我的指挥。她开始深情地诉说着她对我的爱,回忆着从小到大的点点滴滴,那些感受和体会都如此鲜活。听着她的倾诉,我仿佛穿越了时空,回到了那些温馨的时刻。大约过了五分钟,我才费力地抬起手臂,轻轻地拍了两下她的后背。这微不足道的动作却让她哭得更伤心,我内心的无助感也愈发强烈。

随着时间的流逝,我逐渐感受到内心涌出的爱意。那是对女儿的关心和疼爱,是深沉而真挚的情感。**原来,我一直深爱着我的女儿,我渴望告诉她这份情感,却发现自己仿佛失去了说话的能力,无法发出任何声音。**

在咨询师的引导下，我们顺利地完成了整个过程。在复盘环节，我毫无保留地向这位同学分享了我的感受。她告诉我，她的父亲从小就对她要求严格，态度严肃，两人之间的交流也很少。她深爱着父亲，却始终难以找到与父亲的和谐相处之道。

有一次，她回家看到父亲在沙发上看电视，她试着坐到他身边，父亲却本能地向旁边挪动了一下，没有说话，她从父亲的眼神中读出了慌乱和恐惧。她心如刀割，默默地站起来走开，没有说一句话。

听到她的故事，我深表同情。我很高兴我能如此准确地体会她父亲的情感，让她在拥抱我的时候，体会到了父亲对她的深沉的爱。**她开始接受父亲对待她的方式，并表示会努力创造更多机会，尝试用不同的方式与父亲建立更紧密的联系。**

在几个月后的一次分享中，这位同学面带喜悦地告诉我，她与父亲的关系逐渐改善，父亲开始主动关心她的工作与生活；她对领导的恐惧也显著减少，工作汇报变得顺利多了。

李中莹老师曾说："对于父母，我们应从生命和生活两个层面去理解。在生命的层面，我们的生命由父母赋予。我们活到现在，有能力每天学习、工作和生活，就已经接受了这份生命的恩赐。同时，在生活的层面，有些父母确实做出了一些我们认为不恰当的行为或者没有做到我们认为他们应该做到的事情。这是事实，但人无完人，谁又能一生不犯错呢？"

如果我们不接受父母，就等于不接受源自父母的生命，不接受自己的命运。这样会导致我们产生不配得感、不自信，甚至认为自己没有资格生活在这个世界上，没有资格成功。在这种情况下，做事自然会充满纠结和艰辛。

接受父母意味着给予他们存在的空间，允许他们以自己的方式生活。这不仅是对父母的尊重，更是对他们作为父母的资格的认可。

当我们承认父母的资格时，也间接地承认了自己的资格。这种内心的承认会带来一种坚定的力量，帮助我们更好地应对生活中的挑战，让我们的人生更加轻松、成功和快乐。简而言之，接受父母不仅是对他们的尊重和认可，更是对我们自身价值的肯定。

以下是关于接受父母的八个方面的详细解释。

（1）**接受父母是父母、我们是孩子的身份**。这涉及接受并认识父母在家庭中的权威地位以及我们作为子女的依赖性和从属地位。

（2）**接受大小的序位**。这意味着我们需要承认并尊重家庭中的等级和地位，理解每个家庭成员的角色和责任。

（3）**接受父母现在的样子，包括优缺点、性格等**。接受父母的不完美，意味着我们能够理解并接受他们的真实面貌，而不是期望他们成为完美的父母。

（4）**接受父母的婚姻关系**。这意味着我们承认并尊重家庭的整体性。

(5)**接受父母的命运**。每个人都有自己的生活轨迹和经历,包括我们的父母。我们没有能力左右,更不可能拯救他们。

(6)**接受父母赋予的生命**。这意味着我们感激父母给予我们生命,承认并珍惜我们所拥有的生命。

(7)**接受自己的遭遇**。接受自己的遭遇包括接受自己的成长过程、家庭背景以及个人的感受。

(8)**接受唯一性**。孩子从父母那里获得生命,因此不会有其他的父母。接受这种唯一性,有助于我们认识到自己的独特性,并找到自己的价值和意义。

我们的生命源于父母,而他们的生命又是从他们的父母那里传承下来的,生命就是这样一代一代地传承。

家庭系统排列可以帮助我们揭示家族中的隐藏力量,让我们更好地理解家族的运作方式和规则。这不仅可以帮助我们更好地处理与家庭成员的关系,还可以帮助我们找到自己的力量和价值,使我们的生活更加充实和有意义。这次实践使我感受到了系统的能量,也让我更加深刻地体会到了李中莹老师所说的家庭系统排列的神奇之处!

家庭系统排列可以帮助我们揭示家族中的隐藏力量，让我们更好地理解家族的运作方式和规则。

系统整合

生命树

■ 魏金宇

NLP执行师

DISC授权讲师

中科院心理咨询师

复旦大学EMBA，曾任世界500强企业高管，创业3年，年营收2亿元

我爷爷的故事

俗话说:"好人有好报。"**自记事起,我接受的教育是要做个好人**。我从小听爸爸讲爷爷的故事,如今我已经成家立业,有了自己的孩子。我爸爸顺利地成为爷爷,我的孩子继续听我爸爸讲我爷爷的故事。

我的爷爷是一个勤勤恳恳、本本分分的老实人,勤俭节约,与人为善。我印象最深刻的是爷爷每天起床很早,最先做的事情是背着粪篓一条街一条街地捡牛粪。那个时代,人力就是最大的生产力,牛粪是最好的肥料。这些决定了当年农作物的生长和收获状况。爷爷每天雷打不动地去做这件事情,每年我家收集的有机肥是最多的,粮食产量也是最高的,验证了财富是勤劳的产物。北方的冬天冷得刺骨,爷爷照样早起,背着粪篓遛街捡牛粪回来后,提着搂耙子、扁担上山耙枯草、捡枯树枝。太阳一竿子高的时候,爷爷已经挑着两大捆柴火,满头大汗地走进院里。这个时候,爸爸他们还没有起床,奶奶的早饭还没有做好。

爷爷在捡牛粪的过程中，曾捡到一个孩子的小马褂，他满大街地问谁家的孩子丢了小马褂，直到小马褂被领走为止。夏天，爷爷家的牛不小心吃了别人家的庄稼，爷爷一定会去对方家里道歉，并说："我家的牛吃了你家多少棵谷苗，到了秋天，我会双倍偿还稻谷。"爷爷是个善良的人。

在爷爷的身上，我看见了一个家族的基因传承。勤劳致富、"积善之家必有余庆"的家族传统代代相传。

我和爸妈的故事

"君子务本，本立而道生。孝弟也者，其为仁之本与！"孝亲敬祖是中华民族的优良传统。死亡不是离开，忘记了才是。这是我学习家庭系统排列后的最大启示。一个家族就是一棵生命树。只要是树，都有根，根就是我们的爸爸妈妈、爷爷奶奶、列祖列宗，我们是树干和树叶，孩子就是树上的果实。只有根深叶茂，树才能长得高大、硕果累累。

2013年，我严重失眠，恐惧夜晚的到来。我每天恐惧、焦虑、愤怒，当时觉得是因为工作压力大造成的。现在仔细分析，才发现是因为自己是"断根人"。从初中住校一直到上大学，我与父母的关系并不亲密。父母在老家，我在青岛，各自生活，谁也不会打扰谁。我逢年过节回家看看，一年365天，我与父母只见面5天，叙旧聊天不会产生什么矛盾。2012年,父母回到青岛居住,距离近,我们的矛盾就出现了。虽然大家分开居住,但是经常聚餐、聊天。我开始嫌弃爸爸抽烟、喝酒过量,强迫爸爸戒烟,每次见面就会因为这个争执一番。我也经常将爷爷和爸爸进行比较。我在努力改变爸爸,爸爸也在使劲地改变我。争执厉害的时候,爸爸气不过,一巴掌过来,我就赶紧溜。这些小事搞得家里鸡飞狗跳,我是担心爸爸的健康,让他做一个健康的老人;爸爸的看法是"顺者为孝",哪有儿子管老子的道理。

从心理学视角看若干年前的事情,虽然都是小事,却在深度影响我的身体健康、事业发展。与父亲的联结断了,没有根的树就会枯萎,所以我恐惧、悲愤。心理学有个说法:"与母亲的关系决定着你的金钱,与父亲的关系决定着你的事业。"我的财务状况良好,因为我和妈妈的感情非常好,和爸爸则是一见面就吹胡子瞪眼。好在我现在懂得了接纳,允许父母做父母、儿子做儿子,不再强求谁去改变。当我改变了,我发现爸爸妈妈都在改变。现在,我见到爸爸就说"我爱你"。他还是抽烟,还是喝酒。**每个人都有自己的人生,先做好自己,让改变自动发生**。

我们的故事

与父母、**祖先联结的根断了**,**就会出现愤怒**、**恐惧**、**怨恨**。很多孩子出现各种各样的心理问题，可能与这个原因有关。孩子的抑郁、焦虑，病因在父母身上。十岁前的孩子跟妈妈的关系非常亲密，妈妈给孩子带来了安全感；十岁以后，孩子通常开始向爸爸看齐，从爸爸身上获得成就感。孩子从小先扎下安全感的根，然后需要重点培养信心，拥有强大的心力。**父母教给孩子爱的能力，这是在亲情关系中自然而然形成的。**

马克·沃林恩在《这不是你的错》中写道："我开始能让自己接纳父母的爱和关心——不是按我过去期待的方式，而是他们自己的方式。我的内心有一部分开始敞开。我明白了，他们爱我的方式并不重要，重要的是我如何去感受他们给予我的一切。从这个角度来看，我们继承或自己经历的创伤除了会带来痛苦，也会给我们的后代带来更强大的力量与复原力。"

现代科学证明细胞记忆是人生问题的源头。1988年，47岁的美国的芭蕾舞蹈家克莱尔·西尔维亚接受了心脏和肺的移植手术。自从她接受心、肺移植手术后，她开始有了非常奇特的转变。原本性格很平和的她变得非常的冲动，很有攻击性；原本注重养生的她，开始爱喝啤酒，吃以前绝对不会碰的炸鸡。后来，西尔维亚发现她的心、肺捐赠者就有这些个性和喜好。

科学研究证实，记忆的储存位置并不局限于大脑，全身上下所有的细胞都可能存储记忆。美国的埃默里大学的科学家把樱花味和轻微的电击进行关联，训练出害怕樱花味的雄性老鼠，这些老鼠只要闻到樱花味就会害怕得发抖。然后,让这些雄性老鼠去生育第二代甚至第三代小老鼠。这些从来没有闻过樱花味的小老鼠跟它们的老鼠爸爸或爷爷一样,只要闻到樱花味,就会有恐惧反应,也会害怕得发抖,大脑的结构也产生了变化。生活中遇到的各式各样的问题,根源有可能都在细胞记忆上。

2002年,我大学毕业后,进入现在已经是世界500强之一的企业工作。如今,我走在自己创业的路上,家庭美满,事业大步向前。拥有今天的一切,我感谢祖宗、感谢父母、感谢妻子、感谢朋友的支持。**人生少走任何一步,都不会成就现在的你**。

"百善孝为先",从孝顺开始,一切的善长出来,就拥有了生命常青树。心中有父母、祖宗,你就连了根,你的生命树就会根深叶茂。

"百善孝为先",从孝顺开始,一切的善长出来,就拥有了生命常青树。

系统整合

回归爱的序位，活得轻松富足

■ 阳光小月

心轻松心理创办人

国家二级心理咨询师

英国班戈大学正念师资

NLP 执行师

DISC 授权讲师

心理咨询师是自助助人的职业，先向内探索自己、活出自己，然后赋能他人。**在亲密关系、亲子关系和金钱关系的咨询中，看见是爱的第一步**。通过家庭系统排列，我看到了潜意识和底层爱的流动过程，帮助学员重新排列和看见，化混乱为清晰，把无序变得有序，为生命服务。

看见我自己对金钱的态度

清理金钱"木马"

我出生在书香之家，父母都是老师。很长一段时间，我不敢谈钱，甚至认为有钱人俗气。

2016 年以前，我以做免费公益为荣，所以参加电台节目、沙龙讲课、心理咨询、社群分享都是免费的。在一次家庭系统排列课堂上，我看见了我和金钱之间的关系，金钱代表不想接近我，离我远远的，因为我内心不喜欢金钱，害怕它玷污我。

我知道我对金钱的态度是受我的原生家庭的影响。在学习中，我慢慢清理金钱卡点。2017年，我在千聊讲的第一节课"清除人生'木马'，绽放生命色彩"，收费是8.88元，获得了里程碑式的突破。

2019年，经过授权，我成为心轻松42天减重导师，真正走上了我的知识变现之路。随着经验不断积累、课程内容更新和督导的强化，我的收费越来越高。有了良好的开端，我开启了多渠道知识变现。

我慢慢地转变了对金钱的态度。如果没有金钱，我想上优质课程提升自己都没法付费；如果没有金钱，我想做一些善事也没有保障。我对自己说，我是值得拥有金钱的。做喜欢的事，顺便赚钱，是有价值的，我可以优雅地赚钱。

对妈妈说"是"

对于金钱的态度往往与对妈妈的态度有关。有很长一段时间，我喜欢对妈妈的爱说"不"。

用妈妈的话说，她的"儿女心"重。小时候，她让我穿棉袄的情景历历在目。我说我不冷，妈妈偏要我穿，我不穿就遭到了她的严厉斥责。

长大成人后，我只要外出，妈妈就总是担心和牵挂。2018年，有一次我去深圳出差。一路上，妈妈不停地发信息问我有没有到宾馆。在出租车上，看到一个又一个信息，我内心产生了抗拒。在我的眼里，妈妈的爱是控制，让我很不舒服。这种抗拒，有些像我之前对金钱的态度。

在不断的学习和修行中，我看见了我对妈妈的态度，慢慢改变。当妈妈再有类似的表现时，我在心里说："谢谢你，妈妈！你的爱我收到了，同时，我会照顾好我自己。"

如果因为上课、咨询，不能及时回复信息，我会提前和妈妈说，让她放心。当妈妈表示担心时，我会说："妈，你放心，我会照顾好自己。"我还和妈妈开玩笑，说她是我的财神爷。

感受金钱的能量

2023年，当我再一次做金钱关系系统排列时，金钱代表很想靠近我，我也很想靠近他，我们拥抱在一起。在一个小体验环节，我们每个人抽取一块"金钱能量"小饼干，饼干里有一张纸条，当我打开纸条，看见上面的字时，我笑了，因为上面写着："金钱像小狗，赶都赶不走。"

现在，我可以坦然地说："我爱钱，钱爱我。"

我看见了我对金钱的态度，从最低层次的羞愧到高层次的爱，走在健康、喜悦的路上！

我看见了我对金钱的态度，从最低层次的羞愧到高层次的爱，走在健康、喜悦的路上！

帮助学员解开生命的奥秘

经过授权,我将阳光小月心生命私塾第一位天使学员的故事分享给大家。

一天,这位学员对我说:"小月老师,为什么我与异性可以做朋友,可一旦发现有异性喜欢自己或者对自己示好,有建立恋爱关系的想法时,我立马在心理上很排斥,然后就远离人家,甚至不理人家了?"

在学习中,她慢慢解开了自己的生命奥秘。

从五岁时开始,这位学员感觉妈妈很辛苦,心疼她,就学做饭,想为她分担更多的家务活。

她的继父之前有一段婚姻,前妻病逝,留下三个孩子,她的妈妈承担起了抚养他们的重担。在她的眼里,两个姐姐、一个哥哥吃得好穿得好,也不干活,给妈妈带来了很多痛苦和委屈,她越发心疼妈妈。

成年以后,每次妈妈生病,都是自己去照顾。因为妈妈个子比较小,她觉得妈妈像孩子一样,总是情不自禁地把她搂在怀里,睡觉时也搂在怀里。

她一直以为自己很孝敬母亲,但通过学习家庭系统排列,她看见妈妈和自己的位置站错了,自己始终以高高在上的身份来对待妈妈，很心疼她，同时有一种受害者心理，觉得所有的辛苦和委屈都是继父造成的。

这种受害者心理演变成对继父的怨恨，并投射到亲密关系中。她说："我跟异性之间无法建立亲密关系，这让我感到很困惑，为什么会出现这种情况呢？我一直解不开这个谜。直到我遇见了小月老师，才知道我的位置站错了，导致跟异性之间无法建立亲密关系。"在她的潜意识中，不能和异性建立亲密关系。因为一旦建立亲密关系，就会有痛苦，就会受委屈，所以她逃避这种关系。

在做与父母和解的练习中，她闭上眼睛，想象父亲和母亲的样子。她仿佛看到母亲面带微笑地站在她面前，非常亲切和蔼，而父亲的身影很模糊、很远，看不清面部的表情。

当她背对父母的时候，她感受到父母把手放在她肩上，她忍不住放声大哭，似乎心里积压了太多的委屈，哭得稀里哗啦、撕心裂肺。

情绪得到充分释放后，当她再次转过身时，发现父母的身影非常清晰，并肩坐在自己面前。同时，她清晰地看见他们两个都面带微笑，非常亲切和蔼，她感觉自己此时就像一个几岁的孩子一样，看着高大慈祥的父母，那种感觉真的很好。

她终于明白，父母是长辈，自己是晚辈。她和我说："我真的很喜欢那种自己是一个几岁孩子的感觉。"**她回归爱的序位，解开了生命的困惑，内心感觉越来越轻松**。

帮助来访者看见根源

在亲子关系中,有这样一个说法:**"给孩子最好的爱,是爸爸爱妈妈。"**

在一个家庭里,父母和孩子是铁三角关系,只有每个人都站在自己的位置上,相互理解和尊重,家才稳定和谐。

有些夫妻相互攻击、嫌弃,孩子作为父母的结晶,会感到自己像谁都不对,但他又无法不像父母。长期处在这样的环境中,孩子就不容易有自尊心或者面对选择时,常常感到困难,甚至想替代爸爸的角色去保护妈妈,无心学习。

只有父母站在正确的位置上,孩子才能站在应站的位置上。在一个家庭中,夫妻关系永远高于亲子关系。

一些孩子成人后,因为不接纳父母,所以无法接纳自己的伴侣,会把伴侣投射成自己的父亲或母亲。对这种情况,如果想要建立良好的亲密关系,首先需要疗愈和自己父母的关系。

综上所述,我们可以得到如下启示。

启示一

海灵格大师说过:"母亲永远排第一位。"(Always mother.)

我们对生命的态度来源于我们和母亲的关系,通过接纳母亲,接纳金钱。

启示二

《孟子》中有一句话:"孝子之至,莫大乎尊亲。"

父母是长辈,我们是晚辈,尊敬父母是孝道的核心。

如果我们替父母承担责任,就是把父母看作弱小的人,需要帮助,这不是"尊"。

启示三

每一个人都有自己的位置,家庭成员之间需要保持平衡。修复亲子关系前,先修复夫妻关系。

父母的每一个选择都是他们自己做的,他们经历的每一件事情都是他们需要经历的,不替父母承担责任,努力过好自己的人生。

系统整合

敬畏财富——系统排列在家庭财富中的作用

■ 杨玲

心理咨询与治疗专业硕士

恒益谦心理教育创始人

校园危机干预实操专家

小物件代际创伤排列导师

在当下社会，一说起财富，很多人的第一反应便是金钱。若一个人耗费一生光阴，满心满眼追逐的唯有金钱，那着实毫无意义。金钱固然能带来物质享受与一定的安全感，可它绝非人生的全部。只盯着金钱的人，往往会在忙碌追逐中迷失自我，错过生活中真正珍贵的东西。真正的财富多元而丰富。健康是无价之宝，没有健康的话，拥有再多金钱也无法畅享生活；知识与智慧能拓宽视野，助人明智决策，实现自我价值；良好的人际关系能提供温暖支持，是金钱难买的情感财富。人生经历与成长同样宝贵，可以塑造性格，丰富人生。

我从事心理学 15 年、校园心理培训 6 年。专注于家庭辅导个案以来，我接待过至少 1500 个来访者，咨询夫妻关系、亲子关系等问题。他们年轻时为获得金钱而犯下错误，痛苦不堪。

人生的财富绝不只是金钱，金钱只是一种工具。我们深知，若没有彻底认识财富、从心底敬畏财富，便无法获得真正的财富。

并不是每个人都能把握得住大笔财富，有些人获得超过他能力、才智范围的金钱时，要么迷失自我，要么变得自大，要么掉进灾难和陷阱中。

下面这个我做的案例(已获得案主授权),可以让我们重新审视追求,获得更有意义的人生财富。

案主背景:这位案主是我的学员中一位最拼命干活、有能力和影响力的女士。每当她想要给家人高质量生活的时候,却力不从心;想要获得成功的时候,却不相信自己能成功;在做事的过程中,经常半途而废。她的心上似乎有一把枷锁,她想要打开,却找不到钥匙;置之不理,又被现实所迫,因为有孩子要养……

海灵格家庭系统排列让我们看到了她所面临境遇的真相,足以用震撼来形容。

案主议题:案主对财富有深深的恐惧。

在排列中,案主的议题得到了最大化的呈现和解决,最后她对财富有了更大的信心。

排列个案呈现:案主代表并未看财富,财富远远地看着案主代表,恐惧代表跟随着案主代表。

个案进展和真相:财富和案主之间的阻碍找到了,是债和案主前夫。

债的代表上场,紧紧跟随着案主代表。案主前夫的代表远离案主,财富代表就和案主代表靠近一点,但案主代表没有任何的情绪。

通过观察场域,咨询师做了一个盲排,选一个代表上场,神奇的是当这个代表上场后,场域发生了很大的变化。这个代表站在案主前夫代表的身边，财富代表也关注新上场的代表，没人知道这个代表是谁。此时，案主前夫代表说："感觉他是孩子，活着的孩子。"

盲排代表说："我是孩子，但不是一个孩子。我待的地方很冷，特别冷……"于是咨询师问盲排代表想去哪里，他躺在了案主代表和财富代表之间的地上。盲排代表依然觉得不够，咨询师继续请三个盲排代表上场，他们相继躺在地上（为便于区分，后文按照上场顺序，将 4 个盲排代表称为盲排代表 A、盲排代表 B、盲排代表 C、盲排代表 D）。盲排代表们感觉冻得瑟瑟发抖，同时说特别想妈妈。

恐惧代表在盲排代表 A 出现的时候，就已经离开并坐到了地上。案主本人看到这样的场景，泪流满面，案主代表也感受到了深深的悲伤。原来这 4 个盲排代表是胚胎，是案主做试管婴儿时移植失败的胚胎以及还存活的胚胎。

案主本人太惊讶了，说从没有想过原来移植失败的胚胎也算生命，而对生命的忽视给自己带来了巨大的影响。

盲排代表 B 要求案主本人每天为他祈祷，盲排代表 C 诉说他在浩瀚无边的海洋中漂泊，非常孤独、寒冷和害怕。盲排代表们要求案主本人抱着他们一一对话，他们说："妈妈，我爱你，不恨你，我只想你记住我……"案主本人与盲排代表们一一对话之后，承诺会做些事情。对于他们的要求，案主会立刻完成，盲排代表们感受到身体暖和起来了。

然而，此时债的代表依然在案主代表身后，财富代表看着案主代表，却无法靠近。

财富代表说："我还需要案主承认这个债务，我才愿意靠近案主代表。"

案主对咨询师说："这与我有什么关系？我没有借钱，也没有用他的钱。"听到这番话后，财富代表又一次远离了案主代表。

财富代表说："当我听见你说这样的话，我就想离开，还感到愤怒。你必须承认债务。"

案主前夫代表听见后，说："这是我的债，不用她还。"财富代表说："不一定要她还，也不是必须要还一千万元，而是需要她承认债务，承认比什么都重要。"

现场安静了下来，空气仿佛凝固了。案主以往认为这笔债与自己无关，觉得自己没有使用过这些钱，钱也不是她亲自借的，要承认这样一笔巨债，案主有太多的不甘心、委屈、愤怒。

此时，债的代表说："我只需要你承认的态度，我只想跟着你，感觉安全。"财富代表与现场所有的人都看着案主，等她做决定。

案主代表表达了自己的愤怒和委屈："凭什么？凭什么要我来承受这些？上天为何如此不公平，要我来遭受这些磨难？我为什么要承认？我做错了什么？我过得还不够辛苦吗？我不要，太不公了，我不要……"

财富代表说："你需要承认，因为你与你前夫曾经有过婚内共同生活,你不是无辜的。虽然你不知情,但你也使用了这些金钱,就要替他还债。只有你还债了,我才会与你在一起。"

咨询师说:"声望也是重要的财富。"案主沉思片刻,然后坦然地告诉场上的债的代表:"我承认,我承认这笔债务,我愿意还钱。"

场域又开始发生变化,盲排代表们都下去了,恐惧代表离得更远,案主前夫代表站在案主代表的身后,债的代表站在了前夫代表的身后,财富代表紧紧贴着案主代表。

财富代表说:"好的,你承认了,我就安心了。共同债务,你们共同偿还,你能还多少就还多少。"

个案结束时,案主感受到了真正的放松、真正的内心富足和充满动力。在场的每个人都被深深地触动了。

系统排列的学问再次呈现了人、事、物运作的法则。面对真相,要真正地尊重每一个在系统中出现的生命。

随着自己做排列个案的数量越来越多,我更加确认了自己的使命——服务生命。

有的孩子为了得到父母的爱,盲目地承担父母所有的苦难,导致抑郁,无法上学……爱是一切的因,爱也是一切的解药。终其一生,每个人都在寻找自己的使命。在寻找使命的道路上,真正地接纳人生中发生的每一件事情,无论是悲伤的还是令人欣喜的,才能让心有归属。

如何发现让自己困扰的问题的真相? 系统排列是最好的方式

之一。**系统排列的智慧在于它揭示了万物之间的内在联系和相互依赖性**。它告诉我们，没有一个部分是孤立的，每一个部分都是整体中不可或缺的一部分。当我们认识到这一点时，我们便能更加尊重自然、尊重他人、尊重自己，因为我们知道，我们的行为和决策都会对整个系统产生影响。

在这个日新月异、充满不确定性的时代，系统排列为我们提供了一种全新的视角和思考方式。它帮助我们洞察世界的内在逻辑和规律，让我们能够更好地理解和应对复杂多变的现实环境。

我走在使命的道路上，希望有你相伴，让爱更好地去创造、承诺、经营、延续、滋养我们的生命。

在这个日新月异、充满不确定性的时代，系统排列为我们提供了一种全新的视角和思考方式。它帮助我们洞察世界的内在逻辑和规律，让我们能够更好地理解和应对复杂多变的现实环境。

系统整合

家庭系统排列之我见

■ 俞立军

NLP 执行师

2021年，我第一次走进郑立峰老师的家庭系统排列导师班课堂，那也是我第一次接触家庭系统排列。那个时候，对于郑立峰老师以及家庭系统排列，我都一无所知。直到后来，我才知道郑立峰老师在系统排列这个领域首屈一指的地位和系统排列的神奇之处。

对我来说，第一次家庭系统排列体验是一次奇幻之旅。课程结束以后，我感觉像是看了一本离奇的故事合集。只是看过，却不明白，也无从解释。

在后来的两年中，我有幸上了徐知圆老师和李晓林老师的家庭系统排列个案工作坊课程，我逐渐对家庭系统排列这个心理咨询工具有了一些自己的理解。

家庭系统排列，主要是用于呈现和改善家庭关系。它大体可以分为四个部分，分别是访谈、呈现、读场、转化。

在访谈环节，案主确定议题之后，导师会通过访谈充分了解案主的困惑、原生家庭以及成长经历。

在郑立峰老师导师班的个案访谈当中，还会有家族树的绘制与解读。在案主绘制自己的家族树的过程当中，就有了与自己的原生家庭以及家族在心灵上的联结。这极大地影响个案的效果。

一般在访谈结束以后,我会基于自身的认知,对整个个案的发展方向有一个评判。但是,家庭系统排列的神奇之处在于,个案的呈现并不是我们想象的那样简单,反而会有非常多的反转。

个案呈现有点像角色扮演,但它又不同于角色扮演。因为其他人在做角色代入的时候,更注重自身的感受。至于对个案现场呈现的解读,是对导师能力的考验。

我在做个案代表时,最开始总是觉得进入不了状态,习惯于用脑子去思考应该怎么样去呈现或者应该如何去表达,这样对于整个个案并没有很好的帮助。个案代表的感受能力有一个逐渐提高的过程,由开始的理性思考,到慢慢地放空自己的大脑,全身心地投入场域当中,去感受与倾听内在真实的声音,剩下的部分交给导师和整个排列场域。当我全身心地关注自己内心的感受时,往往自己的感受更能够被案主或者其他代表体会。

全然不加评判的感受,让心与心之间产生联结。

导师在读场的过程当中,结合整个场域的动态发展以及代表的感受,逐步地进行拆解和分析,指出有利于案主前进的方向。家庭系统排列就是这样神奇,它不用过多地去分析和推理,跟着场域的流动做实相的呈现就可以了。最终决定个案效果的往往并不是理性的部分,而是案主感受到的内在的感性部分。

当然,导师在读场时,还会加入许多引导语来帮助场域的流动。在这个过程中,导师觉察究竟哪一个部分、哪段关系阻碍了爱的流动,然后通过一些技巧和方法去破除卡点,让场域朝着正确且健康的方向发展。

家庭系统排列就是在这样的探索当中去呈现纠缠的关系,最后,在转化的环节当中,导师会回到适当的情境中,去处理这些关系。

这是家庭系统排列个案的大致流程。

当然,系统排列只做关系的呈现,它只是一个纠正关系的工具。要想获得改善与突破,需要回到生活当中,慢慢地去调整。**个案的结束,从某种意义上来说,是爱的流动的开始**。

我在家庭系统排列导师班的学习过程以及后来的家庭系统排列工作坊的体验中,慢慢地体会到了一点:不用把关注点放在逻辑与解释上,一切以案主的需求与个案的效果为目标。因为关系往往用道理解释不通,只需要用心去感受。感受变了,内在的关系就改变了,一切都是那么自然。

我有幸亲身体验了一次自己做案主,这与我平时做代表完全不一样。

当时,我在做一个关于解除酒瘾的个案,还没有进入个案场域的时候,我就有了很多与自己的原生家庭以及家族联结的感受。

这很奇妙,许多陈年往事、平时不曾回忆的画面,突如其来地涌入我的脑海。比如,就在当天早晨,我想到了我突然离世的爷爷,想到了他生平爱喝的酒,想到了我的父亲与亲朋好友开怀畅饮的画面。在个案的呈现当中,我用"酒"这个媒介,与爷爷、父亲做不用把关注点放在逻辑与解释上，一切以案主的需求与个案的效果为目标。

了联结。我承受了原生家庭的很多负担,就像自己的祖辈也以同样的方式承受过多的负担。李晓林老师给了我很多的引导,使我如释重负。

我们会习惯性地复制家族的模式。假如我不做转变,那么很可能我的下一代在成长的过程中依然会延续这种模式。我恍然大悟,所有不该承担的东西都应该放下,才是对家族最好的传承,以崭新的模式让家族更良性地发展。

个案结束以后,我有了新的感受。个案的效果取决于很多方面,其中最重要的是导师的专业能力和案主是否具备转变的动力。我自己深有体会,在做个案时,由于自己很有动力,所以能够全身心地投入到角色当中。在个案结束后的很长一段时间里,每当我面对酒这个话题的时候,自身就多了一种觉察。也正是因为这种觉察,让自己从酒瘾的困扰当中脱身。

自己作为案主去体验做整个个案的过程,你就会明白很多东西不需要解释,只需要全身心地感受,从而产生效果。这不就是案主以及个案的支持者想要的结果吗?

随着自己认知的提升以及对于家庭系统排列知识的逐渐熟练运用,我开始尝试以导师的身份做个案。这又是一个全新角度的体验。从一开始的练习到最后全然地投入到导师这个身份当中,这依然是一个逐步提高的过程。

刚开始做练习的时候,我心里会有评判和指向,会带着"应该"

和"不应该"的想法去推进个案。最后，我发现整个个案的效果并不理想。

作为导师，我做过一个印象深刻的个案。案主是一位女性，她向我咨询与孩子分离焦虑的问题。通过交谈，我觉得这个问题的根源在于案主与母亲之间的联结。然后，我在代表呈现的环节，努力地捕捉这方面的关键点。当我引导案主做一些言语的交流时，我惊奇地发现真正的卡点并不是案主与母亲的关系，而是她与父亲的关系。我当时的反应是尊重场域、尊重案主，而不是根据自己的意愿去调整。**这个个案让我有了新的感悟：我们不必去设定个案的走向，这也不影响将自己的理解加入对案主的建议和引导当中去**。导师的建议与场域的呈现和流动并不矛盾，还可以给予案主更多的支持。

心理学的很多底层框架和逻辑都是相通的，只不过我们会用不同的方式和工具去演绎，如沙盘游戏、认知疗法，家庭系统排列也是其中一种工具。看哪一种工具能够更好地服务案主，这是咨询师的任务。我经常做这样一个假设：你不用刻意弄明白家庭系统排列的逻辑和正确性，把它想象成一罐辣酱，当案主吃什么菜都没有食欲的时候，只要这一罐辣酱能够让他开胃，那么有什么必要去评判辣酱太辣或者不健康呢？我们使用这样的工具帮助案主度过困难阶段，完成内在心灵架构的重新搭建，这不是一个很好的体验吗？

第五章
生命飞跃

系统整合

家庭系统排列在提升孩子学习动力中的应用

■ 张婵

大学任教 27 年

心理咨询师

家庭教育指导师

NLP 执行师导师

累计服务 10000 多个家庭

累计咨询时间 800 多个小时

我是一个讲课讲了二十多年、快三十年的老师,前面十几年讲的是英语,后面十几年讲的是家庭教育。之所以有这样的变化,是因为我在大学里教英语的时候,发现大学生群体有很多值得深入探索的地方。

如今,有些大学生在学习中面临着一系列的问题。表面上看起来,好像是基于以下几个原因。

首先,有些大学生缺乏明确的目标。他们可能对自己未来的职业发展和人生规划感到困惑,因此缺乏学习动力和方向。由于没有明确的目标,他们容易感到迷茫和无所适从。

其次,缺乏理想。部分学生缺乏对于学习的兴趣和热情,仅仅将学习视为拿到毕业证的手段,而非追求知识和个人成长的过程。这种缺乏理想的态度会导致学习动力不足,难以持久地投入学习。

再次,没有爱好。有些学生在繁重的学业压力下,放弃了他们曾经热爱的活动和兴趣爱好。没有爱好的支撑,他们觉得学习枯燥乏味,缺乏激情。他们需要寻找并培养自己的兴趣爱好,以提升学习的满足感和动力。

但是,当我把注意力转移到探索他们真正缺乏学习动力的深层次的原因上时,我发现很多孩子在学业上出现问题,在很大程度上与家庭序位的混乱有关。

在家庭系统理论中，序位指的是家庭成员在家族中的位置和角色。序位混乱可能会导致家庭功能失调，进而对家庭成员，特别是孩子产生负面影响。**在教育心理学领域，家庭序位混乱被认为是造成学生缺乏学习动力的一个非常重要的原因。**

第一，序位混乱可能会使孩子承担起不属于他们在这个年龄所应该承担的责任。例如，当父母经常不在家或亲子角色逆转，孩子可能需要照顾弟弟妹妹、承担过多家务和扮演情感支持者的角色。在这种情况下，孩子可能会被迫早熟，由此产生的压力和焦虑会显著地影响他们对学习的兴趣和动力。

第二，序位混乱也可以体现为家庭内部不合理的期望。如果父母对某个孩子有过高的期待，而对其他孩子过于放任，那么被期望过高的孩子可能会感到过高的压力和焦虑，导致恐惧、失败和拖延行为，从而减少学习的积极性。与此同时，被忽视的孩子可能会因为缺乏关注和鼓励而失去学习的动力。

第三，序位混乱还可能引起孩子间的竞争和比较，导致损伤自尊心和自我价值。父母可能不自觉地比较孩子们的成绩和能力，这种比较可能会削弱孩子的内在动机，使他们更多地关注如何超越兄弟姐妹，而不是真正享受学习的过程。

第四，序位混乱还可能导致父母无法公平地给予关怀和资源，有些孩子可能因此感到被边缘化。例如，父母可能因为工作繁忙而忽略了与孩子的沟通和互动，或者偏向于支持特定的孩子而非公平地对待所有孩子,这样的状况往往会引起被忽略孩子的情绪问题和反抗行为,包括对学习的抵触。

第五,当家庭关系中的长幼序位被颠覆时,孩子可能会感到混乱和不安全。在这种不稳定的家庭环境中,孩子可能会过度关注家庭的变动,难以将注意力集中在学习上。

综上所述,我们可以看到家庭序位混乱确实是影响学生学习动力的一个关键因素,有效的解决方法包括家庭治疗、家庭系统排列等。通过这些方法,可以帮助恢复家庭结构的秩序,减轻孩子的情绪压力,提高学习动力,为孩子营造一个稳定且健康的成长环境。

我在从事家庭教育的过程中,如何让家长意识到家庭序位混乱对孩子的学习动力的影响呢?主要是通过在讲座或者团体辅导中,邀请意愿度较高的家庭进行简单的家庭系统排列,从而探索孩子缺乏学习动力的原因。

下面,我将分享两个实际操作案例。

案例一:小明的转变

背景

小明是一名初二学生,其学习成绩在过去的几个月中急剧下滑。不仅如此,他在课堂上的表现也引起了大家的关注:曾经积极举手发言的他,如今沉默寡言,对任何活动都提不起兴趣。老师和父母对此感到困惑和担忧。

家庭状况

小明的家庭氛围并不宁静。他的父亲是一位公司高管,工作压力巨大;而母亲则因家庭事务繁杂,时常处于焦虑状态。在这样的家庭里,小明感到自己有责任去分担家长的负担,尽管他还没有完全理解这些负担究竟是什么。

家庭系统排列介入

为了解决小明的问题,我们开了一次家庭系统排列的会议。在一个安静的环境中,小明和他的父母跟随引导,开始探讨家庭内部的情感流动与相互影响。

通过代表各自角色的参与者重现家庭结构,小明意识到他所承载的并非属于他的情感负担。他认识到他的学习压力并不单单来自学校,更多来自他对家庭气氛的敏感反应,父亲的沉默和母亲的紧张让小明无声地承受着家中的压力。

改变与进展

在家庭系统排列的过程中,经过一系列的对话,父母逐渐意识到他们的行为如何影响了小明的心态和行为,他们开始致力于在家中营造一个更轻松、更积极的学习环境。父亲开始调整工作时间,确保晚餐后能够陪伴小明复习功课;母亲则努力管理自己的焦虑,让家变得更加温馨。

随着家庭结构的逐步调整,小明感到自己得到了从未有过的支持和理解。他不再将父母的期待视为负担,而是动力。小明的学习积极性逐渐回归,他开始重新参加课堂活动,成绩也有了明显的提升。

小明的故事展示了家庭系统排列如何有效地揭示和缓解家庭压力,进而提高孩子的学习动力。通过这一过程,不仅孩子的问题得到了解决,整个家庭也走向了更加美好的未来。

案例二:小华的自我发现

背景

小华是一名高中生,正处在人生的一个关键转折点。面对即将到来的高考,她感到无比疲惫。尽管母亲对她寄予厚望,希望她能进入顶级大学,小华却产生了前所未有的厌学情绪。这与她以往勤奋刻苦的形象截然不同。

家庭历史的阴影

小华的姐姐曾是家里的骄傲,但因压力过大而选择了离家出走。这个事件成为家族中一个不可言说的秘密,重压悄然间转移到了小华身上。小华感觉不仅要为自己的未来努力,还要弥补姐姐留下的遗憾。

家庭系统排列的介入

我邀请她的家人进行了一次家庭系统排列。通过排列专家的引导,小华和她的家人一起审视了家族内部未解决的情感问题,并探究了这些隐形的情感问题如何影响着每一个人。

在排列过程中,通过家族成员代表重新摆放位置,小华意识到她姐姐的经历及其对家庭的影响不是她应该承担的重负。她认识到,为了满足母亲的愿望而压抑自我,只会让她走上姐姐的老路。

自我释放与改变

在弄清楚了个人边界与家族历史之后,小华和她的家人开启了更为深入的对话。大家开始接受每个成员都有自己的生活轨迹,母亲逐渐认识到孩子需要被看见,而不是仅仅满足父母的期望。

小华开始允许自己探索个人兴趣和发展目标,而不是盲目去走母亲设定的路径。在学习方法和目标上,她找到了属于自己的节奏和方向。家里的气氛变得更加轻松,小华的学习动力得到了增强。

小华的故事体现了如何通过揭示家族历史中的负面模式,重建积极的家庭支持系统,来恢复孩子的学习动力。家庭系统排列不仅帮助个体理解自身与家族的关系,也促进整个家庭环境的改善,从而为家庭成员的个性化成长创造条件。

当我们深入家庭系统的核心,直面层层交织的情感与历史遗留下来的问题时,家庭系统排列作为一个强大的工具,展现出了它独特的力量。这一工具不仅打开了通往深层次理解的大门,让家庭成员能以全新的方式看待彼此及互动,而且也显著地激发了孩子学习知识的内在动力。通过小明和小华的案例,我们看到了家庭系统排列如何揭示并解决隐藏在日常表象之下的复杂问题。

在排列过程中,家庭成员被引导去体验和感受每个人在家族系统中的位置以及他们所扮演的角色的影响力。这种真实的体验引发了家庭成员对家庭的深刻认识,使得家庭成员不仅意识到自己的行为模式是什么样的,更重要的是理解这些模式如何影响其他人,尤其是孩子。于是,家长开始采取积极措施,调整家庭规则和沟通方式,为孩子创造一个稳定、健康的环境,有利于他们在学习上获得成功。

这样的改变并非一朝一夕就能完成,而是需要时间和耐心,但正如我们在案例中所看到的,当这些调整开始生效时,它们可以转化为具体的积极的结果。孩子不再受到无形压力的困扰,反而能感受到家人的理解和支持,这为他们提供了坚实的基础去面对学习压力。随着时间的推移,这种积极的家庭氛围会继续滋养孩子的心智,从而培养出自信和有自我驱动力的人。

在这一变革过程中,家庭系统排列彰显了它的真正价值:它不仅仅是一个解决问题的工具,更是一种促进家庭成员和谐共处、共同成长的持久策略。**通过它,我们不仅看到了问题的改善,更见证了整个家庭向着更加健康、更富有生机的方向发展,最终形成了一个鼓励探索、热爱学习的环境。**

在这一变革过程中，家庭系统排列彰显了它的真正价值：它不仅仅是一个解决问题的工具，更是一种促进家庭成员和谐共处、共同成长的持久策略。

系统整合

奶奶，我用痛苦来寄托对你的爱

■ 张芳

NLP执行师

高级性格解读师

家庭幸福力教练

下面的这个故事会让我们发现，在家族系统中，成员之间深刻的爱恋会成为一个家族的传家宝。**这份爱恋在未被发现和觉察的情况下，只会盲目地跟从，在我们一代又一代的身上不断复制。**

50 岁的阿娟走路略显跟跄，眼中带着愤怒和悲伤，走进了咨询室。她的婚姻在 5 年前亮起了红灯。这 5 年，她在狂躁、痛恨、自责、痛苦、无力中度过。她无法安心待在家中，又无力走出家门。她 25 岁的女儿，在大学毕业后的 2 年时间里，也选择在家中自己的房间里不出门。当我邀请阿娟对心中的恨和痛苦打分，做个评估（一点点是 1 分，特别恨或者痛是 10 分）时，她给出了 10 分。

阿娟排行老四，家里有奶奶、爸爸、妈妈、两个哥哥和一个姐姐。作为家庭中最小的孩子，她受到了来自家人多方面的宠爱。小时候的她会跑去好奇地问奶奶："爷爷在什么地方呢？"奶奶总是不答，还偷偷地抹眼泪。后来，听大人还有哥哥姐姐的描述，她才知道爷爷当年因为战争，生死未卜，有人说他丢下了奶奶，只身前往台湾；有人说他已经离开了人世，只剩下孤零零的奶奶。奶奶就前来投奔了她的儿子。

如今 50 岁的阿娟尽管并没有见过爷爷，奶奶也在她十几岁的时候去世了，但她却复制了奶奶"孤家寡人"的经历。婚姻分崩离析，痛苦却不愿分开，渴望却不能挨近，女儿也不愿意走出家门。直到我们会面，阿娟才意识到她在重蹈覆辙。

阿娟无法理解，祖辈和她相隔如此久远，为什么两者的经历和想法会如此相似？**孩提时的阿娟，并没有刻意去思考爷爷奶奶的生活，更没有与奶奶交流过她对爷爷的看法，她不知不觉地复制了奶奶被抛弃的命运。**

二十多年前的阿娟年轻、漂亮、有主见，追求她的男生特别多。阿娟一边享受着被男生追捧的待遇，一边使用各种激怒对方、推开对方的方法，来试探对方是否对她忠心。在一轮轮的试探之后，H先生进入了她的世界。恋爱中，H先生就购置新房，承诺阿娟就是家的女主人，并把钥匙交给了她，任由她来设计装修、规划未来。每天无论多么忙碌，H先生都会在阿娟上下班时接送，即使阿娟拒绝、推开，H先生依然准时出现在阿娟身边。一个大雪的夜晚，H先生更是走了15千米的路程，只为能够见到阿娟，阿娟被他打动了，他们步入了婚姻。

斯蒂芬与安德里亚·莱文曾说过这样一句话："你与内心未愈合的伤口的距离，与心中痛苦、悲伤的距离，就是你与伴侣之间的距离。"婚后，阿娟用她心中好妻子的标准要求着自己，洗衣、做饭……，同时还在用她的惯用推开模式来确认对方是否爱她，如当众给老公甩脸色、说要离婚……每天都在乐此不疲地考验着对方。

直到 5 年前，H 先生遇到了尊重他、懂他的 J 女士，从此 H 先生回家的时间越来越少，阿娟成功地把自己塑造成了一个被抛弃的角色。这 5 年来，她谴责 H 先生背信弃义，后悔当初的选择，她说："你看，男人就是自私、不靠谱的，我当年为了他，放弃了很多选择，而他会为自己想要的不择手段，抛弃为他付出所有的我。我就是不想他能舒坦地活着，我死也得折磨他。"

生命是一次从沉睡到醒来的旅程，

如果爱不能唤醒你，那么生命用痛苦唤醒你；

如果痛苦不能唤醒你，那么生命用更大的痛苦唤醒你；

如果更大的痛苦不能唤醒你，那么生命用失去唤醒你；

如果失去不能唤醒你，那么生命用更大的失去唤醒你，包括生命；

生命会用生命的方式，在无限的时间和空间里，无止境地唤醒你，直到你醒为止。

直到有一天，阿娟的母亲突然离世，阿娟察觉到自己的女儿也在扮演一个被世界抛弃的角色，阿娟在纠结与挣扎中走进了咨询室。在咨询中，阿娟看到她对家族的爱如此深厚，而过往她总是活得不幸福是她在表达对家族的爱恋。

在与家族的联结之中，阿娟走进了爷爷奶奶当年的生活环境。战火纷飞，爷爷几次都与死神擦肩而过，而爷爷用了很多的方式让自己活了下来；无论环境多么恶劣，奶奶都努力将三个儿女抚养成人，为社会做贡献。阿娟不禁流下了眼泪，对家人有了深深的敬佩，于是我尝试引导阿娟对她已逝的爷爷奶奶表达了自己的情感、理解爷爷奶奶在当时那个环境中的选择、接受家人的祝福，这时的阿娟动了动身体，已经能够挺直腰杆坐在咨询椅上。

在后来的咨询中，阿娟一直无法面对妈妈突然离世的事实，总是避而不谈。当她感受到家族生命的流动时，她开始有力量去面对这个事实，阿娟向妈妈表达了失去她之后自己内心的痛苦和内疚。在这期间，我们运用了NLP中的处理哀伤法，引导阿娟看到生命的传递远比其他事情重要，父母与子女之间的付出和收获保持平衡并不是对父母的回报，父母看重的回报是能够将生命传递下去。阿娟明白了母亲对她的祝福，以及希望她可以活出自己，并且把爱传递下去。当她和祖辈、父辈有了更深的联结时，阿娟说她心中的恨和痛，由10分降到了3分。荣格曾说过这样的一段话："你没有觉察到的事情，就会变成你的命运。"在接下来的日子里，阿娟开始尝试修复自己和老公之间的关系，开始跟女儿说她有选择人生的权利。**当爱被唤醒的时候，爱就由束缚变成了前行的动力，而爱就是她与这个家族的联结物。**

在阿娟的故事当中，她的主要想法是：婚姻中的男人是不可靠的，为了他的自身利益，我会成为那个被抛弃的人。所以在婚姻当中，看似她不断用推开对方的方式来验证对方是否爱她，其实深层次的原因是她通过推开的方式来打造被抛弃的人生剧本。

在人际关系当中，许多问题的根源都不在于关系本身，它们可能源于家庭的动力机制。在家族当中，每一代人都有他们的命运。我们的祖辈先于我们存在，他们传承生命，养育我们，我们才有机会来到这个世界，得以生存。生命本就是家族对我们最大的馈赠，我们对于祖辈的命运和决定需要保持足够的尊重。

亲爱的读者，在过往的生活中，你也许遇到过各种各样的问题，让你抑郁、痛苦、愤怒、焦虑、自责、无力、恐惧……在生命这个旅途之中，找到自己、活出自己是生命对我们的馈赠。最后，我将家庭系统排列创始人伯特·海灵格的疗愈诗《看见》送给大家，让我们更好地看见自己、遇见爱。

当你只注意一个人的行为，

你没有看见他；

当你关注一个人的行为背后的意图，

你开始看见他；

当你关心一个人意图后面的需要和感受，

你看见他了。

透过你的心，看见另一颗心，

这是一个生命看见另一个生命，

也是生命与生命相遇了，

爱就发生了，

爱会开始在心之间流动，

喜悦而动人！
这就是吸引而来的幸福！
当你只关注自己的行为时，
你就没有看见自己；
当你关注自己行为背后的意图时，
你就开始看见自己了；
当你关心自己意图背后的需要和感受时，
你才真的看见自己了。
透过内心，看见了自己的心灵真相，
这是你的生命和心相遇了，
爱自己就发生了，
爱开始在自己身上流动，
你整个人就会和谐而平静！
这就是真爱的发生。

生命本就是家族对我们最大的馈赠,我们对于祖辈的命运和决定需要保持足够的尊重。

系统整合

改变，如其所是

■ 张可凡

从事 13 年房地产营销管理工作

NLP 执行师，师从张国维博士

NLP 教练，师从戴志强老师

我们明白很多道理,却依然过不好这一生。很多人不断重复着旧有的习惯和模式,想改变现在的生活。**无论怎么努力,都无法突破自己,感觉自己被某一种东西拽着,所以常常是冲动劲一过,又回到了从前。**

　　这让我想起了一个科学实验。有一种昆虫叫掘地蜂,它智商很高,把猎物带回洞穴时,先把猎物放在洞穴口,自己先进洞里查看一圈,确保安全之后,才把猎物拖到洞穴里去。当掘地蜂进洞穴查看的时候,科学家把猎物拿远 2.54 厘米。掘地蜂出来后,会把猎物再次拖到洞穴口,再进洞穴进行察看。科学家重复这个动作 50 多次,掘地蜂拖回来 50 多次,放在洞口 50 多次,进入洞中察看 50 多次……掘地蜂看似机智的行为,其实是被一种模式操控着。哲学家丹尼特提出了一个问题:"你凭什么确定自己不是掘地蜂?"

　　我们从小到大被植入了很多信念,通过人生体验逐渐形成脑神经回路,导致我们遇到事情就会产生这个脑神经回路下的反应,反应积累形成行为,行为逐渐形成模式,模式最后形成习惯,习惯决定我们的命运。

　　我们回家常走某条路,如果发现有一条更近的路,走过一次后，脑袋里就会有神经元的链接，发现这条路很近，神经元多次链接形成脑回路，以后再回家，自然就形成反应，继续走这条路。然而很多人走习惯了老路，发现不了新路，或者发现了新路，但是出于习惯或者躺在舒适区里，不愿去探索和尝试，执着于走老路，导致人生一直在原地打转。

习惯和模式如此难以改变，那么位置变了，改变是不是就变得容易了？我们处在不同的关系中，在不同的关系中有不同的位置，如果能够灵活地游弋于不同的位置，是不是就拥有了改变的基础？

很多人问过去能改变吗？过去的事情是无法改变的，例如在哪里出生、在哪里上学、考了多少分……这些都不能改变，但我们对过去发生事情的看法是可以改变的。当我们站的位置不同时，可能会有不同的结果。**过去的记忆都存在于我们的脑神经元里，如果人生中很多记忆是负面的，过去是负面的，现在是负面的，未来也是负面的**。例如，某人小时候被狗咬过，产生的记忆是狗会咬人，现在见到狗就会恐惧，过去的神经元回路形成了，决定了现在的想法和行为。再比如，某个女人以前被男人欺骗感情，于是得出结论，男人没有一个好东西。过去负面的记忆不改变，不相信男人，导致现在遇到好的男人也不会相信，反而会不断证明自己是对的，认为眼前遇到的这个男人也不是好东西，那就不可能有幸福的婚姻。过去那个男人欺骗感情的事实已经无法改变了，但是如果对这件事情的看法改变了，觉得只是当年遇到的男人有问题，不代表所有的男人都有问题,自己肯定能遇到好的男人,从以前的受害者心理变成通过这件事情学到经验,看法一变,意义就变了。过去这个事情的经验就变成正面的了,现在是正面的,未来也会是正面的,这样就会有不一样的婚姻生活。

过去的事情无法改变,如果我们回到以前的记忆当中,通过改变当时的画面,例如颜色、大小、远近;改变当时的声音,例如大小、高低;改变当时的感觉,例如热的、冷的;改变当时在系统中所处的位置,从而改变对当时某件事情的看法,就改变了脑神经元的链接,形成新的链接,下次再想到这件事情的时候,看法也就改变了。对很多人来说,这是在放过自己,不纠结于过往,做人生的主人。

每个人都活在无数个系统中,自己的家庭是一个系统,公司是一个系统,所住的小区是一个系统,城市是更大的系统。在系统里,有各种关系。在每一种关系里,我们都有自己的位置。如果位置错了,关系就会出问题,我们的想法和行为就会出现问题。很多时候,我们执着于解决眼下的问题,却忽略了更高的维度,忽略了位置改变能带来真正的改变,导致问题越解决越多,想要改变却无能为力。

人生有两类关系,第一类是与父母的关系,其他所有关系都归为第二类。与父母的关系是人生最重要的关系,在第二类关系中,无论是夫妻关系、亲子关系还是在工作中和同事的关系,很多时候都是与父母关系的投射。父母的施与孩子的受并非普通的施与每个人都活在无数个系统中，自己的家庭是一个系统，公司是一个系统，所住的小区是一个系统，城市是更大的系统。

受，而是生命的施与受。父母给孩子生命的时候，就给了孩子生命中所需要的爱和能量，无论父母是否养孩子，这个前提条件是不会改变的。孩子看向父母，并穿越父母看向久远的过去，看向生命最初形成的地方。当他接受生命，那么他接受的生命不仅仅来自父母，也来自他的祖先。

父母把生命给了我们，在精神层面，我们要无条件地接受父母、爱父母。如果我们与父母关系不好，更有甚者，对父母有负面情绪，产生怨恨，不在子女该在的位置上，那么处理婚姻关系和同事关系、朋友关系都可能会出现问题。

在我小时候，父母经常吵架。他们吵架的时候，我总是喜欢把原因归咎于自己，所以从小就特别乖，从小到大基本不让父母操心。长大后，父母还是经常吵架，我经常会因为他们吵架而指责、埋怨他们，甚至说很多负气的话。在和父母相处的过程中，我打着孝顺和爱他们的旗号，将自己凌驾于他们之上，给他们讲很多大道理，傲慢地想改变他们的生活习惯，改变他们的观点，对他们对我的关心也非常不耐烦。直到我学习了家庭系统排列，我觉得特别自责、惭愧，意识到自己完全站错了在家里的位置。无论自己多大了，父母永远是父母，我永远是他们的孩子，回到孩子的位置，没有资格教育父母、改变父母，他们有自己的生活，我唯一能做的就是臣服于这种关系，好好孝顺他们、爱他们，做孩子该做的事情就好了。后来，当我的位置发生改变后，我们的关系明显和谐了很多。

当我有这种心境的时候,我仿佛看向了久远的过去,在苍茫的宇宙中,在那遥远的地方,有一颗星星安静地亮着,等了我千年。那里,是我来的地方。我从未如此清晰地感受到,我的身上流淌的是我父亲和我母亲的血。我的父母和我连接在一起,给了我无穷的力量,让我可以面对生活中的任何风雨。

我们如何才能把自己放在合适的位置,从而让改变自然发生呢?家庭系统排列就是在帮助家庭中的成员恢复如其所是的状态,父母回归父母的位置,子女回归子女的位置,妻子回归妻子的位置,老公回归老公的位置,整个家族系统都如其所是。如此,改变会自然发生,人生会越来越顺畅。

当你觉得生活中充满冲突和不容易,想要改变人生的时候,不要捶胸顿足,而要觉察一下自己在每一个系统中的位置;不光要低头干活,也要抬头看天,找找方向。**当在系统中的位置变了,改变自然会发生**。愿每个人都能找准自己的位置,如此,人生会更美好,社会会更和谐。

系统整合

系统排列与整合,助力职业生涯飞跃

■ 赵书檀

企业系统整合排列师
国家高级职业指导师
心力提升与事业决策专家

刚好遇见你

"我们唱着时间的歌,才懂得相互拥抱,到底是为了什么。"

我大学毕业留校后,作为一个学自然科学的理科生,去攻读思想政治教育硕士学位,我好像天生对人有着强烈的兴趣。2010年,机缘巧合,我扎进了心理学浩瀚的海洋。从基础心理学开始,学了精神分析、人本主义、存在主义、格式塔、后现代焦点技术、叙事疗法……我逐渐掌握和学会了一些心理学的技术、工具,比如催眠、解梦、沙盘、绘画……**我深刻地认识到意识世界的有限性,未知或者未意识到的部分深刻地影响着我们的人生**。著名心理学家荣格说:"你没有觉察到的事情,就会变成你的命运。"

"没有觉察到的事情",这句话很有意思。人的头脑负责思考,谁来检验头脑的真实性、有效性呢?"觉察",谁负责觉察呢?这相当于我们每个人在人生经历中形成了一套非常个人化的运算系统,我们用它去扫描和发现自己在运算过程中的错误,我认为这大概率是不会成功的。因此，从 2011 年到 2014 年，在朋友的支持下，我做了 200 多次个人成长分析，来认识和探索自己内在世界的运行模式。那个过程不轻松，需要极大的勇气。探索潜意识的世界是奇妙的，有时刚解决一个问题，过不了多久，又有新的问题出现，真是前路漫漫。现实生活时不时地来点飞沙走石，我不禁感叹生活的艰难和坎坷。这么好的时代，苦难的感觉却没有离开过我。

各种学习、成长、进步在命运面前似乎成了雕虫小技，我仿佛漂在大海上，充满了迷茫，失去了掌控感，有些无能为力，仿佛有只看不见的无形的大手操控着我的人生，我感觉生活没有奔头。

2015 年，我的个人成长也陷入僵局，几个月没有实质性的进步。我想我可以做些什么，让局面变好，有什么途径可以突破呢？刚好碰到家庭系统排列课程在成都开课，从此，我便开启了与这门学问的缘分，命运的齿轮开始转动。

你改变了我

"终于又回到起点，到现在我才思考，路过的人，我真的忘记了？发生过的事，真的已随风去？"

后来，我跟随国内十几个老师学习，做了十多个个案，我才恍然大悟：个人的成长如果不代入具体的情境，那都是隔靴搔痒，对一个人的认识不结合地域、原生家庭，往往有失偏颇。人活着，在任何的情境下都能形成适应的策略，这是生命的强大之处。在各种因素的影响下，人其实是没有多少选择的权利的，能够选择的是你以什么态度去接受，这是生命的渺小之处。我在系统排列工作坊学习了人类社会的客观规律。每个人拿着不同的剧本，自己怎么演，选择什么样的版本演，比如受害者版本、成长逆袭版本等，我认为这体现了生命的有趣。系统排列帮助我很好地照见自己，照见他人，照见生命的流动，让我对生活有了一些掌控感和确定感。**我开始远离对我不好的人、不好的关系。苦难转变成了动力，我的生活中开始出现阳光、快乐，还有一些意外的惊喜不断发生，我遇到了更好的人和资源。**

有人问我："你都是心理咨询师了，怎么还做那么多个案？"好像每个人都有限定的额度。我的理解是：①**每个人的使命和目标不一样，付出的努力和挑战也不一样**。比如想要 100 分或者附加分的，跟只想要 60 分的人相比，付出的努力肯定不一样。没有对错，也没高低，各有各的需要，所以付出相应的代价。我的父母从农村来到城市，成为工人，我以后是否有更多的可能性？我不知道，但我想努力尝试。②**每个人的资源不一样，起点也不一样**。资源既包括物质的，也包括家风家教、自我认知水平等等。从小的经历、他人的影响、自我思考的结果都会影响自己的感知觉模式。感知觉模式就像一个滤镜，决定了你在这个丰富多彩的世界对哪些特定因素、事物有着天然的灵敏度。像我，父辈生长在艰难困苦的环境中，我对苦难有着天然的灵敏，过去与苦难相关的人、事、物总吸引着我本能地想要去拯救，即便人家并没有这个意愿，导致我把自己的人生过得艰难且辛苦。在排列中，我放弃头脑里的自以为是，诚实地面对生命中的功课，借由这些功课，我完成了一次又一次的飞跃，逐渐掌握了感知觉模式转变的规律。不能为做个案而做，也不必拘泥于个案数目。有些人的问题大一些，花的时间、精力多一些也正常，和自己的过去比较是否有改变就好了。③**每个人个性不同，特质也不一样**。有的人参加系统排列工作坊，借着他人的个案就转化、疗愈了。坦白来讲，我有些固执，不找到根源，总觉得做了个假把式，觉得不满意。当然，这也有好处，个案做得彻底，大概率会转化为我的资源。现在我遇到卡点，用其他方法效果不明显的话，我会运用系统排列与整合这门学问帮助我探究真实的动力，给我提供决策辅助。

如果说心理学的技术方法帮助我成为更好的自己，那么系统排列与整合帮助我"看见"自己，让我有机会顺应系统的客观规律，轻松做自己，少了很多纠结，我对生活也有了更多的掌控感，在不经意间实现心智思维的跨越。

未来之路

有朋友问我："你都是系统排列师了，学了那么多课程，你怎么不开排列工作坊呢？"我头脑里浮现出一幅武林高手打擂台的画面：峨眉派、昆仑派、逍遥派……舞刀弄枪，好不热闹，但少林武僧低头不语，挑水劈柴，诵经打坐，默默打通经脉，强身健体，有余力就给有需要之人传传心法，一起切磋。我一直认为只有真正地践行、体验了，在失败中突破，才能得心应手，才能明白他人的冲突和不易。至于是在工作坊中，还是在街头巷尾应用，时机不同，每人的场景也不同。如同少林武僧挑水行于田间地头，亦可修炼心性，精进功夫。

系统排列与整合是一门以现象学为基础的后现代心理学。现象学，它让系统排列这门学问区别于实证研究，也清晰地告诉世人，还有很多未知的人类社会的客观规律。人类社会的现代文明具有一定的局限性，如同一台电脑不可能用自身的运算方式来寻找自己系统的错误。**人类生命传承源远流长，一代又一代，系统自有运行的规律，这是客观的事实，不以人的意志为转移**。系统排列与整合帮助人区分什么是社会的现象，什么是人类社会的事实。人们往往看到的是物质世界的结果，而没有看到心灵世界、系统世界的事实。理解这一步，再去看中国朴素哲学里的"道"，便明白这不是一种要求，而是面对事实真相的一种选择。比如，公序良俗推崇尊老爱幼、长幼有序、兄友弟恭，在排列中，我们看到过因为血亲间序位混乱所引发的各种现实问题，如有生病的、有破财的、有离婚的。

我们头脑的认知是有限的，系统排列与整合必将帮助我们更加诚实地面对我们的生命。未来，我将持续精进，继续探索将这门博大精深的学问应用于个体咨询与职业发展领域，立志为 10000 名知识工作者提供指导，助力他们在职场上充分实现自我价值，实现职业生涯的飞跃，为这个时代做出更多有意义、有价值的事情。

我们头脑的认知是有限的，系统排列与整合必将帮助我们更加诚实地面对我们的生命。